Maria de Fátima Nunesmaia

Gestion de Déchet Urbains Socialement Intégrée

Maria de Fátima Nunesmaia

# Gestion de Déchet Urbains Socialement Intégrée

## Le Cas Brésil

Presses Académiques Francophones

**Mentions légales / Imprint (applicable pour l'Allemagne seulement / only for Germany)**
Information bibliographique publiée par la Deutsche Nationalbibliothek: La Deutsche Nationalbibliothek inscrit cette publication à la Deutsche Nationalbibliografie; des données bibliographiques détaillées sont disponibles sur internet à l'adresse http://dnb.d-nb.de.
Toutes marques et noms de produits mentionnés dans ce livre demeurent sous la protection des marques, des marques déposées et des brevets, et sont des marques ou des marques déposées de leurs détenteurs respectifs. L'utilisation des marques, noms de produits, noms communs, noms commerciaux, descriptions de produits, etc, même sans qu'ils soient mentionnés de façon particulière dans ce livre ne signifie en aucune façon que ces noms peuvent être utilisés sans restriction à l'égard de la législation pour la protection des marques et des marques déposées et pourraient donc être utilisés par quiconque.

Photo de la couverture: www.ingimage.com

Editeur: Presses Académiques Francophones est une marque déposée de
Südwestdeutscher Verlag für Hochschulschriften GmbH & Co. KG
Heinrich-Böcking-Str. 6-8, 66121 Sarrebruck, Allemagne
Téléphone +49 681 37 20 271-1, Fax +49 681 37 20 271-0
Email: info@presses-academiques.com

Produit en Allemagne:
Schaltungsdienst Lange o.H.G., Berlin
Books on Demand GmbH, Norderstedt
Reha GmbH, Saarbrücken
Amazon Distribution GmbH, Leipzig
**ISBN: 978-3-8381-8955-0**

**Imprint (only for USA, GB)**
Bibliographic information published by the Deutsche Nationalbibliothek: The Deutsche Nationalbibliothek lists this publication in the Deutsche Nationalbibliografie; detailed bibliographic data are available in the Internet at http://dnb.d-nb.de.
Any brand names and product names mentioned in this book are subject to trademark, brand or patent protection and are trademarks or registered trademarks of their respective holders. The use of brand names, product names, common names, trade names, product descriptions etc. even without a particular marking in this works is in no way to be construed to mean that such names may be regarded as unrestricted in respect of trademark and brand protection legislation and could thus be used by anyone.

Cover image: www.ingimage.com

Publisher: Presses Académiques Francophones is an imprint of the publishing house
Südwestdeutscher Verlag für Hochschulschriften GmbH & Co. KG
Heinrich-Böcking-Str. 6-8, 66121 Saarbrücken, Germany
Phone +49 681 37 20 271-1, Fax +49 681 37 20 271-0
Email: info@presses-academiques.com

Printed in the U.S.A.
Printed in the U.K. by (see last page)
**ISBN: 978-3-8381-8955-0**

À Fabiano Gil et Messias Luís,

Mes enfants bien-aimés

# REMERCIEMENTS

Je remercie Monsieur le Professeur Gérard Bertolini pour son aide pendant presque cinq ans dès le moment ou j'ai pense à développer cette recherche, qui a abouti à cet ouvrage.

Je remercie le Professeur Luiz Roberto Morais (École Polytechnique de l'Université Fédérale de Bahia), pour m'avoir invité a participé de l'élaboration du Plan d'Assainissement Environnement de Vitória da Conquista, em tant que Coordinatrice de la filière déchets.

Je remercie les amis Teresa Lúcia Muricy, Susana Cavalcanti et Gersus Araripe pour leur solidarité.

# LISTE DES ABRÉVIATIONS

**3R-V**  Réduction, Recyclage, Réutilisation et Valorisation

**ABNT**  Association Brésilienne de Normes Techniques; Associação Brasileira de Normas Técnicas

**ADEME**  Agence de l'Environnement et de la Maîtrise de l'Énergie

**ASMARE**  Association des Chiffonniers de Papier, Carton et Matériau Récupérable de Belo Horizonte (État de Minas Gerais); Associação dos Catadores de Papel, Papelão e Material Reaproveitável

**BAPE**  Bureau d'Audiences Publiques sur l'Environnement (Québec)

**CEASA**  Les Halles; Centro de Abastecimento

**CEMPRE**  Association des Entreprises pour la Recyclage; Compromisso Empresarial Para Reciclagem

**CNEA**  Cadastre National des Entités Environnementaliste; Cadastro Nacional de Entidades Ambientalistas não-Governamentais

**CNEN**  Commission Nationale de l'Énergie Nucléaire; Comissão Nacional de Energia Nuclear

**CONAMA**  Conseil National de l'Environnement Brésilien; Conselho Nacional de Meio Ambiente

**COPAM**  Conseil d'État de Minas Gerais à la Politique Environnementale; Conselho de Proteção Ambiental

**DBO**  Demande Biochimique en Oxygène

**DCO**  Demande Chimique en Oxygène

**DMLU**  Département de propreté urbaine de Porto Alegre; Departamento de Limpeza Urbana

**EEA**  Équipe d'Éducation à l'Environnement; Equipe de Educação Ambiental

**EIA**  Étude d'Impact Environnemental; Estudos de Impacto Ambiental

**EMURC**  Entreprise Municipale d'Urbanisme (Vitória da Conquista); Empresa Municipal de Urbanização de Vitória da Conquista

**EPA**  Agence de Protection de l'Environnement des États Unis

**EPI**  Équipements de Protection Individuelle

**FAS**  Fondation d'association Sociale; Fundação de Assistência Social

**FEPAR**  Fédération de l'État de Paraná des Associations des Producteurs Ruraux; Federação Paranaense das Associações dos Produtores

3

Rurais

| | |
|---|---|
| **IBAMA** | Institut Brésilien de l'Environnement et des Ressources Naturelles Renouvelables; Instituto Brasileiro do Meio Ambiente e dos Recursos Naturais Renováveis |
| **IBGE** | Institut Bruxellois pour la Gestion de l'Environnement |
| **IBGE** | Institut Brésilien de Géographie et Statistique; Instituto Brasileiro de Geografia e Estatística |
| **LIPATER** | Entreprise de Propreté Urbaine de Curitiba; Limpeza, Pavimentação e Terraplanagem LTDA |
| **MINTER** | Ministère de l'Intérieur; Ministério do Interior |
| **MMA** | Ministère de l'Environnement, des Ressources Hydriques et de l'Amazonie Légale; Ministério do Meio Ambiente, dos Recursos Hídricos e da Amazônia Legal |
| **NBR** | Normes Brésiliennes; Normas Brasileiras |
| **OM** | Ordures Ménagers |
| **OPS** | Organisme Panaméricaine de la Santé |
| **PNSB** | Plan National d'Assainissement; Plano Nacional de Saneamento |
| **RIC** | Résidus de l'Industrie et du Commerce; Resíduos da Indústria e do Comércio |
| **RIMA** | Rapport d'Impact Environnemental; Relatório de Impacto Ambiental |
| **RSS** | Résidus de Services de Santé; Resíduos de Serviços de Saúde |
| **SeMMA** | Secrétariat Municipal de l'Environnement (Vitória da Conquista); Secretaria de Meio Ambiente |
| **SESEP** | Secrétariat des Services Publiques (Vitória da Conquista); Secretaria de Serviços Públicos |
| **SISNAMA** | Système National de l'Environnement; Sistema Nacional de Meio Ambiente |
| **SLU** | Surintendance de Propreté Urbaine de Belo Horizonte, Superintendência de Limpeza Urbana |
| **UEFS** | Université de Feira de Santana (État de Bahia), Universidade Estadual de Feira de Santana |
| **UFBA** | Université Fédérale de Bahia; Universidade Federal da Bahia |
| **UNICEF** | United Nations Children's Fund |

4

# INTRODUCTION

La gestion des résidus municipaux est encore un défi pour la plupart des villes dans le monde, et pose des problèmes liés a l'environnement et la santé publique.

Le cas des déchets urbains au Brésil a été retenu parce que ce nouveau pays industriel a un fort potentiel d'innovations sociales. Cet ouvrage évalue la gestion des déchets urbains municipaux, socialement intégrée, à partir de l'analyse centrée sur les politiques sociales municipales adoptées dans des villes brésiliennes. Ce travail a pour objet d'étude les modèles de gestion de déchets urbains de quatre villes au Brésil, l'une de taille moyenne, Vitória da Conquista, dans la région Nord-Est et trois métropoles, à savoir: Porto Alegre et Curitiba, ces deux situées dans la région Sud, et Belo Horizonte, dans la région Sud-Est du pays. Nous avons utilisé des méthodes exploratrices et monographiques.

Les principales variables étudiées ont été: la gestion intégrée des déchets liée au social, les programmes de collecte sélectives municipales, la destination finale des déchets urbains, et l'impact socio-environnemental-sanitaire des déchets urbains. Les résultats obtenus à partir de cette recherche sur la ville cible Vitória da Conquista, démontrent le grand potentiel de recyclage, ils ont été présentés et discutés avec les acteurs sociaux liés au processus; une proposition de gestion des résidus a été élaborée de façon articulée auprès des entités concernées. Le modèle incorpore, en priorité, les aspects sociaux, en s'appuyant sur la communication environnementale en tant qu'élément-clef.

Parmi les trois métropoles étudiées, Belo Horizonte a présenté le programme d'éducation à environnement le plus offensif. Le volet social est marqué dans les trois programmes, mais d'une manière différente par chacun. On en conclut que la collecte sélective au Brésil, même si elle utilise le même discours que celui des pays industrialisés, relatif à la préservation des ressources naturelles, présente une très nette connotation sociale. Au delà de cette connotation, son ambition est celle d'une gestion des déchets socialement intégrée.

En dépit d'une décennie les questions soulevèes sont toujours valables et sont d'interêt pour les gestionnaires publics et les chercheurs.

# CHAPITRE 1
# POINT DE DÉPART

## 1.1 Point de départ de l'intérêt

Un événement local a constitué le point de départ historique de l'intérêt, que nous avons porté aux déchets urbains et qui nous a conduit à la définition de la problématique centrale de ce travail de recherche. Au Brésil, en 1990, dans la ville de Feira de Santana (450.000 habitants) s'est tenu le 1$^{er}$ Séminaire d'Éducation à l'Environnement de l'État de Bahia; sur le Campus de l'Université d'État de Feira de Santana (UEFS), cet événement fut le socle des discussions environnementales relatives à la région.

Les ordures produites sur le campus de l'UEFS étaient, de par leur acheminement, leur conditionnement, la manutention et la destination finale, semblables à ceux de la majeure partie des villes brésiliennes, enfreignant Les Constitutions Fédérales et d'État, comme l'Arrêté n° 53 du MINTER (Ministère de l'Intérieur). Ces ordures étaient brûlées sur le campus, en infraction à la Législation Environnementale de l'État de Bahia de 1980, Chapitre II- Art. 30:

> *Brûler à l'air libre des déchets solides, semi-solides, liquides ou gazeux, de toute nature, ne sera autorisé qu'en situation d'urgence sanitaire (...).*

Nous avons proposé, et cela a été approuvé en séance plénière finale, que l'UEFS élabore un projet pour la valorisation des déchets, avec l'objectif de trouver des solutions alternatives, viables et à faible coût, servant de référence pour la région, et que soit formée une équipe interdisciplinaire, pluridisciplinaire, transdisciplinaire de professeurs, nommée «Équipe d'Éducation à l'Environnement - EEA».

Au début de 1991, sur notre initiative, une lettre a été adressée à tous les Départements de l'Université, demandant d'indiquer des professeurs qui seraient intéressés à intégrer l'Équipe d'Éducation à l'Environnement. Les départements de Sciences Exactes, Sciences Humaines et Philosophie, Technologie, Sciences Biologiques, et Santé ont répondu. En possession des noms indiqués, nous avons envoyé au Président de l'Université une lettre sollicitant l'officialisation par l'Institution de l'Équipe d'Éducation à l'Environnement; l'arrêté à été pris en juin 1991.

Après le Séminaire, nous avons réfléchi sur quelques questions émergentes sur la scène nationale et locale: la collecte sélective dans la ville de Curitiba (l'État de Paraná), les services déficients de collecte de la ville de Feira de Santana (l'État de Bahia) et le scandale de la décharge d'une ville brésilienne dans l'État de Pernambouc.[1] Dans l'ébauche initiale du projet du campus, nous nous sommes inspirées, pour partie, des situations citées. Nous pensions utiliser tout le campus comme laboratoire; l'idée majeure était la ségrégation à la source de tous les déchets générés sur le campus, y compris la fraction organique, avec l'intention de vérifier si son application serait viable dans les villes. Nous avons mis sur le papier et présenté l'ébauche du projet aux professeurs intégrant l'Équipe d'Éducation à l'Environnement (Figure 1.1); nous avons discuté et, de façon conjointe, formalisé le projet[2], en recherchant tannen des crédits pour mettre en place le Projet de Collecte Sélective et Valorisation des Déchets du Campus UEFS.

---

[1] On suspectait qu'il y avait des restes humains (sein, jambe…) dans les résidus d'activités de soins, et qu'ils étaient utilisés comme nourriture.

[2] Nous avons eu accés au CONSEPE [Conselho Superior de Pesquisa e Extensão] pour approbation par le Conseil de Recherche de l'UEFS.

La durée des travaux sur le terrain, de planification et mise en œuvre du projet a été d'un an: 1 - Détermination du cycle des déchets sur le campus de l'UEFS; 2 - Caractérisation physique des résidus; 3 - Cartographie des points d'installation des poubelles (il n'existait aucune sorte de poubelles dans la partie extérieure du

**Figure 1.1** - Siège de l'Équipe de Éducation à l'Environnement (A - 1991 a 1998. B - Actuel 1998). Université de Feira de Santana. État de Bahia.

campus); 4 - Définition des zones: a) pour le compostage, b) pour l'atelier de papier; c) cases pour le stockage des recyclables, d) siège du projet; 5 - Sensibilisation de la communauté: a) formation des stagiaires; b) formation des agents de propreté du campus; c) exposition; d) distribution d'affiches sur le campus; e) théâtre dans les cantines; f) animations sur le campus; g) présentation de vidéos; h) élaboration de brochure.

Les premières découvertes concernant l'importance de la problématique des déchets urbains se sont faites dans cette année 1991; avec l'appui financier de l'administration de l'UEFS nous avons visité diverses villes de différents États brésiliens. Ce qui a le plus attiré notre attention, c'est la question sociale, observée surtout sur les décharges sauvages. A Natal, capitale d'état de Rio Grande do Norte, l'ingénieur responsable des services de propreté urbaine nous a accompagnée sur la décharge de la ville et nous a dit: *«il est fréquent que se produisent des accidents mortels; parfois, le conducteur du tracteur, quand il recule, ne s'aperçoit pas qu'il y a quelqu'un ... ce quelqu'un peut être un adulte ou un enfant ...».* A chaque décharge visitée, les sentiments étaient les mêmes, d'indignation; mais l'indignation n'allait pas résoudre à elle seule la gravité du problème.

Le projet a été implanté en 1992, financé entièrement par l'Université; le coût, très bas, de U\$13.000 (dollar), correspondait aux dépenses d'équipement. Ce fut la première Université au Brésil à avoir cette initiative (Figure 1.2); aujourd'hui, elles sont nombreuses à posséder des programmes de collecte sélective.

**Figure 1.2** - Programme de compostage, Université de Feira de Santana (UEFS), État de Bahia, Brésil.

Le travail de recherche à l'Université nous a permis d'approcher la réalité des villes; en parallèle, nous avons développé des études; toutes ont joué un rôle important pour le mûrissement de la problématique de notre recherche actuelle: a) en 1993, à travers une coopération établie entre la Mairie de Lençóis (État de Bahia) et l'UEFS, nous avons fait le diagnostic de la situation des déchets urbains de la ville de Lençóis, y compris:

a) le Plan d'Action de Propreté Urbaine; le Projet de Compostage; le Projet d'Éducation à l'Environnement (qui est resté sur le papier, la mairie n'ayant pas eu les ressources pour le mettre en œuvre);

b) en 1994, avec les stagiaires de la EEA (Équipe d'Éducation à l'Environnement), nous avons fait un diagnostic sur les déchets de santé (surtout des services d'odontologie) dans la ville de Feira de Santana les résultats des études ont été présentés en séance spéciale au Conseil Municipal;

c) en 1995 a été réalisée une étude, avec les étudiants en ingénierie civile[3] sur les déchets de la CEASA (les halles) de Feira de Santana (le plus grand marché de rue, 6tonnes/jour).

Les recherches menées à l'intérieur et à l'extérieur du campus universitaire nous ont permis de définir les objectifs de l'évaluation de 3 ans de mise en œuvre de la collecte sélective (1992 à 1995). Cette étude a fait l'objet d'une thèse[4] , dans laquelle nous avons analysé les aspects théoriques, techniques, politico-administratifs et culturels du programme implanté au campus.

Parmi les divers aspects évalués, nous mettons en avant la participation de la communauté universitaire dans la séparation, à leur source, des déchets produits sur le campus de l'UEFS, l'impact sur la communauté de Feira de Santana, et

---

[3] C'est-à-dire, les élèves de la discipline Sciences de l'Environnement, discipline que nous dispensions à l'époque. Nous avons présenté ce travail à Lisbonne, durant un Symposium d'ingénierie d'assainissement et environnement; le sujet a attiré l'attention de plusieurs municipalités portugaises qui avaient le même problème;
[4] Thèse soutenue pour l'obtention du titre de professeur adjoint (équivalent à Maître de Conférence en France) - progression de carrière, UEFS, février 1997.

l'application des sous-projets: a) collecte sélective; b) recyclage artisanal du papier; c) compostage; d) caractérisation physique des déchets solides; e) éducation à l'environnement. Cette dernière, considérée comme instrument fondamental, a concerné tous les autres sous-projets, intégrant le Projet Collecte Sélective et Récupération des Déchets Générés sur le Campus UEFS.

L'étude a recommandé des mesures pour perfectionner le Projet du campus, ainsi que l'engagement de l'Institution pour le transformer en programme (qui a été réalisé), et présente aussi des propositions pour aider à définir des politiques publiques de déchets urbains applicables à des villes de moyenne et petite tailles.

Nous considérons que la fin de l'étude antérieure a été le point de départ de la présente recherche; la lecture de l'état des lieux de la ville cible (Vitória da Conquista) renvoie aux réflexions faites dans la recherche précédente.[5] Voici quelques-uns des propositions faites à l'issue de l'étude:

1) *«La direction prioritaire dans le choix de la forme de traitement des ordures doit être la RÉDUCTION de la quantité et du volume des matières acheminées à l'enfouissement technique ou contrôlé. Pour atteindre ces objectifs, il est fondamental de ne pas oublier que la participation de la population est indispensable.*

2) *Le renforcement des services de propreté urbaine, à travers la formation de ses ressources humaines (l'administration, les techniciens et les éboueurs) et de la création d'une équipe technique d'éducation/communication environne-mentale est fondamentale également; l'éducation est un instrument indispensable au soutien des actions de gestion des déchets municipaux.*

---

[5] La thèse (sur la suggestion du jury) a été ultérieurement transformée en livre (juin 1997), intitulé Déchets: solutions alternatives, dont la diffusion est terminée depuis.

*2) Les municipalités doivent stimuler la population, en premier lieu pour l'inciter à choisir des produits dont les emballages soient peu ou pas nocifs pour l'environnement; par exemple les boissons vendues dans des récipients consignés.*

*3) En outre, elles doivent porter une attention spéciale aux déchets organiques, en valorisant cette fraction par l'adoption du traitement par compostage municipal (déchets des marché de rue/marchés et étalages: séparation à la source et/ou en encourageant le compostage individuel..*

# CHAPITRE 2

# FONDEMENTS THÉORIQUES ET LEGAUX LES RÉSIDUS URBAINS

## 2.1 Les Déchets: Concept

Le mot ordures (lixo en portugais) est généralement associé directement à des choses qui ne servent plus, inutiles, usées et que l'on jette. Il est lié également, de façon étroite, à l'idée d'abandonner, de se débarrasser de quelque chose. La Norme Brésilienne dite NBR - 10.004 (BRASIL/ABNT, 1985) définit les ordures en tant que «résidus à l'état solide ou semi - solide résultant des activités de la communauté, qu'ils soient d'origine industrielle, domestique, hospitalière, commerciale, agricole ou liés au secteur du nettoyage (...)». Ces résidus sont classés, suivant leur origine, en déchets urbains, industriels, liés aux services de soins, aux activités rurales, aux services de transport; s'y ajoutent les déchets radioactifs; ils sont également catalogués selon les risques potentiels qu'ils comportent pour la santé publique et l'environnement: dangereux, non inertes et inertes.

Aux États-Unis, l'Agence Nord-Américaine de Protection de l'Environnement[6] définit pour sa part les ordures de la façon suivante (définition révisée en 1992): «on entend par résidus solides tous les résidus, déperditions, boues et autres matériaux solides rejetés par les activités industrielles, commerciales et par la communauté.

---

[6] United States Environmental Protection Agency (EPA).

15

Cela n'inclut pas les solides ou les matières dissoutes dans les eaux usées domestiques ou tout produit contaminant provenant des ressources hydriques, ni les sédiments en suspension ou dissous dans les effluents d'eaux usées industrielles».[7] Cette définition prend donc en compte leurs caractéristiques et leur source.

En France, la loi du 15 juillet 1975[8] définit comme déchet «tout bien meuble abandonné ou que son détenteur destine à l'abandon». Dans son livre «du déchet: philosophie des immondices», Cyrille Harpet souligne, à propos des divers sens qui sont associés à la notion de déchets, que celle-ci comprend «dans son étymologie, dans sa polysémie et dans les représentations qui l'ont investie, une plus grande disqualification que celle du simple abandon, d'une simple parenthèse dans des processus de production - consommation - transformation».[9]

## 2.2 Une production croissante de résidus urbains

Au cours des quatre dernières décennies, on a assisté à une tendance croissante à l'augmentation de la production de déchets sur l'ensemble de la planète. Cette augmentation fait de la gestion des résidus urbains l'un des problèmes jugés les plus préoccupants du XXI ème siècle, au Nord comme au Sud. Le défi à relever consiste donc à trouver un équilibre entre la rapidité à laquelle s'opère l'accroissement de ces résidus et les possibilités concrètes de leur traitement et de leur stockage final.

Le Tableau 2.1, indique la production quotidienne de déchets par habitant pour quelques pays et villes. Si l'on calcule, à partir de ces chiffres, la moyenne mondiale, on se rend compte qu'un habitant de la planète produit environ 1 kg (kilo) de déchets par jour.

---

[7] Cité par OPS, El manejo de residuos solidos municipales en America Latina y el Caribe. Washington D.C. 1995, p.6.
[8] Journal officiel du 16 juillet 1975.
[9] Cyrille Harpet. Du déchets: philosophie des immondices, Ed. L'Harmattan, 1998, p. 47.

**Tableau 2.1** - Production quotidienne par habitant de déchets dans différents pays et villes (1993-1998)

| Pays | | Villes | |
|---|---|---|---|
| USA (1) | 2,000 kg/h/j | Paris | 1,600 kg/h/j |
| Canada | 1,900 kg/h/j | Mexico, D.F. | 1,000 kg/h/j |
| Pays-Bas | 1,300 kg/h/j | Buenos Aires | 1,000 kg/h/j |
| Suisse | 1,200 kg/h/j | San José | 0,740 kg/h/j |
| Japon | 1,000 kg/h/j | San Salvador | 0,680 kg/h/j |
| Europe | 0,900 kg/h/j | Belo Horiz. (3) | 0,600 kg/h/j |
| Inde | 0,400 kg/h/j | Vitória da Conq. (2) | 0,560 kg/h/j |
| France (1) | 1,000 kg/h/j | Curitiba (4) | 0,540 kg/h/j |
| Brésil (2) | 0,600 kg/h/j | Lima | 0,500 kg/h/j |

**Source:** OPS, El manejo de residuos solidos municipales en América Latina y el Caribe. Washington D.C.,1995; (1) Bertolini, La doub le vie de l'Emballage, 1995, p.19; (2) Nunesmaia, 1997,1998. (3) SLU, Belo Horizonte, 1995. (4) Alboreda, O lixo que não é lixo, CEMPRE, 1993.

Par ailleurs, les statistiques permettent d'affirmer que, au-delà des disparités géographiques, socio-économiques et culturelles concernant les pays et villes, le «citoyen du monde», pour des raisons diverses, produit de plus en plus de déchets.

Si l'on compare les chiffres de la France et du Brésil, on s'aperçoit que la production brésilienne moyenne actuelle de déchets (0,600 kg/hab/j) correspond à celle du Français d'il y a trente ans. Mais on ne saurait en déduire pour autant qu'il faudra trente ans aux brésiliens pour atteindre la production française actuelle (1kg/hab/j), dans la mesure où le processus risque de s'accélérer encore, notamment à cause du phénomène de la «mondialisation».

La production croissante de résidus urbains à l'échelle planétaire, et plus particulièrement l'accroissement de la consommation d'emballages, peut être associée à l'évolution du niveau de vie, aux facilités qu'a engendrées la société moderne et aux changements d'habitudes de la part de la population.

On considère ainsi généralement que le développement des emballages détermine le degré de richesse d'un pays, d'une région, d'une ville. Dans son livre «la double vie de l'emballage», Gérard Bertolini illustre cette corrélation en évoquant les pénuries d'emballages qui touchent les pays du tiers – monde et de l'Europe de l'Est, mais il tempère en même temps ce rapport de causalité: «on se gardera d'affirmer que le développement de l'emballage constitue un facteur de prospérité, suivant une relation de cause à effet, ou un point de passage obligé, quant au sentier de croissance».[10]

La réflexion de Gérard Bertolini peut être illustrée par le cas du Brésil, où la perspective de l'élargissement des classes moyennes, conséquences de la stabilité économique, entraîne dans tout le pays une explosion du nombre de franchises de type fast-food, liées notamment à des entreprises nord-américaines. Ces trois dernières années, les médias brésiliens ont ainsi accordé une importance toute particulière à la croissance de l'industrie de l'emballage et au mouvement d'élévation générale des classes sociales. En 1996, le pays se situait au 3ème rang mondial pour le nombre de franchises, ce qui faisait dire au journal Folha de São Paulo du 12 mai de la même année: «Le Brésil est arrivé sur le podium, n'étant plus précédé que par les États-Unis et le Canada», précisant que la plus forte croissance concernait celles du secteur de l'alimentation.

Dans son numéro 1.441 de décembre 1996, la revue Veja a consacré un long reportage à l'accroissement de la consommation au Brésil, avec en couverture le titre: «La fin du riz et des haricots: le Brésilien change sa façon de manger et provoque une révolution dans l'industrie alimentaire». Or, le haricot noir et le riz constituent traditionnellement la base de l'assiette du Brésilien, qu'il soit pauvre ou riche, et pourraient être comparés au pain, à la pomme de terre et au fromage en France. Cette modification des habitudes alimentaires, poursuit l'article, s'est traduite dans l'ensemble du pays par une invasion des produits congelés dans les foyers (25% de plus au cours des cinq dernières années); la consommation de yaourts a en outre augmenté de 50% dans la même période. Le texte analyse ainsi l'amélioration de la

---

[10] Gérard Bertolini. La double vie de l'emballage. Economica, Paris, 1995, p.9.

qualité de vie d'une population à partir de la croissance des indices de consommation et des bénéfices qui en résultent, y compris en termes d'emploi pour les industriels, mais sans jamais prendre en compte le fait que, une fois le produit consommé, il reste l'emballage, dont le traitement a un coût.

Si la production de déchets d'un pays est proportionnelle à sa richesse, on peut dire alors que les pays industrialisés, dits du Nord, sont les principaux responsables de l'accroissement accéléré du volume de déchets produits dans le monde en raison, en premier lieu, de leurs niveaux de production et de consommation. Le problème est toutefois plus complexe et ne saurait se réduire à ce simple raisonnement logique et à cette progression géométrique, dans la mesure où l'encouragement exacerbé à la consommation déborde le cadre des commodités qu'offre la société moderne, à laquelle aspirent les pays du Sud, tout autant que ceux du Nord la sollicitent. Mettre un frein à la production croissante de déchets de la planète, qui est devenu désormais une urgence, renvoie nécessairement à la philosophie de vie de chaque «citoyen du monde». La question qui se pose est donc la suivante: comment intervenir dans le processus de production croissante de déchets dans le cadre de la mondialisation?

## 2.3 Modification de la composition des ordures ménagères

La composition des ordures d'origine urbaine dépend de divers facteurs: les conditions socio-économiques et les habitudes de chaque communauté, le développement industriel, les flux de population touristique et saisonnière. Les principales composantes des ordures ménagères sont: le papier/carton, le verre, les métaux, les plastiques et les matières organiques. Les pourcentages respectifs de chacune de ces fractions ont subi des modifications au fil des années en fonction de l'«évolution» de la société.

En France, selon l'ADEME (Agence de l'environnement et de la maîtrise de l'énergie), citée par Kazazian[11] et Bertolini[12], «l'augmentation de la consommation d'emballages correspond à une multiplication par un facteur trois en trente ans. En 1960, les Français jetaient, en moyenne, 220kg d'ordures ménagères par an et par habitant dont 36 kg d'emballages, qui représentaient 16,5% du poids total. En 1990, ils jetaient 366 kg de déchets par an, soit environ un kilogramme par jour et par habitant, dont 120 kg d'emballages, qui représentent 33,5% du poids total». Les chiffres montrent, parallèlement, une réduction de la proportion de déchets organiques dans la poubelle du Français, conséquence du changement de ses habitudes alimentaires et de l'utilisation croissante de produits jetables.

Le Tableau 2.2 permet une lecture comparative de la composition des ordures ménagères de différents pays. On observe un taux d'humidité plus important dans les pays en voie de développement ou nouvellement industrialisés que dans les pays industrialisés. Cette humidité résulte d'un pourcentage plus élevé de fraction organique. Ce même Tableau montre en effet que le taux de matière organique des premiers, dépasse 50% tandis que le taux moyen de matière sèche des seconds, est de 56,5% des déchets leur fraction organique n'étant en moyenne que de 18,6%.

La réduction du pourcentage de la fraction organique des ordures ménagères d'un pays, d'une région ou d'une ville apparaîtrait ainsi comme un indice de son enrichissement. Dans notre étude de terrain menée à Vitória da Conquista (dans l'État de Bahia/Brésil), nous avons effectivement constaté que cette fraction était plus faible dans le quartier considéré comme celui de classe moyenne supérieure et aisée que dans ceux de classe moyenne et modeste, le premier présentant d'autre part un taux d'emballages supérieur aux seconds.

---

[11] Kazazian et alli. Le cycle de l'emballage: le conditionnement de qualité environnementale. MASSON, Paris, 1995, p.66.
[12] Bertolini. La double vie de l'emballage. ECONOMICA, Paris p.19.

**Tableau 2.2** - Valeurs relatives exprimées en pourcentage de la composition des déchets de différents pays, et d'Europe (1995 – 1997).

| Pays | H₂O | Carton (%) | Métaux (%) | Verre (%) | Textiles (%) | Plastique (%) | Mat.org (%) | Éléments fins (%) |
|---|---|---|---|---|---|---|---|---|
| Suède | - | 44,0 | 7,0 | 5,0 | - | 10,0 | - | 34,0 |
| USA | 25,0 | 36,0 | 9,2 | 9,8 | 2,1 | 7,2 | 26,0 | 9,7 |
| Japon | - | 40,0 | 2,5 | 1,0 | - | 7,0 | - | 49,5 |
| Europe | 30,0 | 30,0 | 5,0 | 7,0 | 3,0 | 6,0 | 30,0 | 19,0 |
| Mexique | 45,0 | 20,0 | 3,2 | 8,2 | 4,2 | 6,1 | 43,0 | 27,1 |
| Costa Rica | 50,0 | 19,0 | - | 2,0 | - | 11,0 | 58,0 | 10,0 |
| Pérou | 50,0 | 10,0 | 2,1 | 1,3 | 1,4 | 3,2 | 50,0 | 32,0 |
| Inde | 50,0 | 2,0 | 0,1 | 0,2 | 3,0 | 1,0 | 75,0 | 18,7 |
| France [1] | | 30,0 | 6,0 | 12,0 | 2,0 | 10,0 | 25,0 | 15,0 |
| Québec [2] | | 33,1 | 5,9 | 8,1 | 12,2 | 6,9 | 30,6 | 3,1* |

Le titre de la colonne supérieure est **Fraction**.

Source: OPS, 1995, données revues et corrigées. (1) Courtine: Décharge proscrite. Economica: Paris, 1996, p.18; (2) Ministère de l'Environnement et de la Faune. Pour une gestion durable et responsable de nos matières résiduelles. Québec, 1995, p.13.
*dont 2,1 bois et 1 déchets dangereux.

## 2.4 L'accroissement du volume des déchets domestiques

La présence croissante de résidus d'emballages dans les ordures ménagères augmente le rapport volume/poids de celles-ci, donc abaisse la densité. Bertolini note que, en France, «la densité (kg/l ou t/m³) des ordures ménagères, lors de la présentation à la collecte, est passée d'environ 0,6 en 1960 à 0,2 en 1980 et 0,15 aujourd'hui».[13] La consommation d'emballages a évolué de façon assez similaire dans les divers pays du monde. En France et aux États-Unis, le citoyen a produit en moyenne respectivement, 180 et 250 kg de résidus d'emballages en 1990.[14]

---

[13] ibid., p.20.
[14] ibid., p.9.

Les emballages occupent désormais une place très significative (un quant à un tiers, voir davantage) dans les ordures ménagères des pays industrialisés, ce qui conduit à considérer l'association produit-emballage-déchet. Didier Gosuin, Ministre belge de l'Environnement de la Région de Bruxelles (1995), dans la préface du livre «l'Europe des emballages: une directive à l'épreuve de 15 transpositions», affirme que «l'emballage connaît une évolution qui, après avoir dérapé dans le sens du gaspillage de ressources, de l'éphémère et du superflu, se trouve aujourd'hui à la croisée des chemins», face aux stratégies qu'adoptent les pays européens à l'égard des emballages et aux déchets qu'ils engendrent. Par ailleurs, dans l'analyse approfondie qu'il fait de sa «double vie», Bertolini note que «l'avenir de l'emballage s'inscrit dans une configuration triangulaire qui a pour pôles l'économique, l'environnemental et le culturel. Le risque est d'être balloté entre eux».[15]

### Écoproduit

L'emballage d'un produit a pour conséquences différents impacts environnementaux tout au long des diverses phases de sa vie, autrement dit depuis sa naissance jusqu'à sa mort. On distingue quatre phases dans le cycle de vie d'un emballage: extraction ou/et fourniture de matières premières, transformation, utilisation et post-consommation. A la fin des années 1980, les questions environnementales ont préoccupé le monde entier, non seulement pour les pays du Nord mais également ceux du Sud.

Dans les pays industrialisés plus particulièrement, ont surgi des vocables tels que «produit propre» et «produit vert», qui sont souvent utilisés abusivement dans une logique de marketing.[16] Selon Karazian, «la notion de *produit propre* relève essentiellement des technologies mises en œuvre lors de sa fabrication (éco-

---

[15] ibid., p. 103.
[16] Kazazian, T. et alli. Le cycle de l'emballage: le conditionnement de qualité environnementale. MASSON, Paris, 1995. p.2.

conception). Elle néglige souvent l'énergie ou la matière demandée lors de son utilisation, ainsi que les alternatives de valorisation».[17]

Un écoproduit est produit dont l'impact sur l'environnement doit être minimisé tout au long de son cycle de vie, et il faut considérer non seulement le produit lui-même, mais le «couple emballage-produit». Selon François Ramade, le concept de *produit vert* ou *d'écoproduit* mérite d'être examiné de manière approfondie dans la mesure où il faut y incorporer celui d'économie d'énergie.[18] Pour cet auteur, la notion d'écoproduit doit être rattachée à l'idée d'un avenir marqué par des avancées effectives en matière de protection de l'environnement de l'homme.

L'analyse du cycle de production et du cycle d'utilisation d'un produit peut être vue comme la clé permettant l'identification d'un écoproduit.

Selon Jacques Vigneron[19], sept notions fondamentales doivent aider à comprendre ce concept: l'usage, la dose, l'effet, l'impact de l'écoproduit, l'état de santé, la capacité globale et le problème des zones sensibles ou fragiles. Il souligne de plus qu'«à l'éducation du consommateur devra correspondre la nouvelle responsabilité des producteurs d'écoproduits; de plus, il faut définir la dose d'usage, modulée en fonction des conditions variables d'application». Il estime que la notion d'écoproduit est devenue d'une grande importance pour le futur de l'humanité. Jacques Vigneron écrit:[20]

> *«si l'on veut situer la notion d'écoproduit parmi les ressources des écosystèmes humains, on voit qu'elle appartient au domaine de la morale. On retrouve là les raisons pour lesquelles il sera si difficile de faire intervenir l'idéologie dans la définition et la mise en place des écoproduits»*

---

[17] ibid., p.2.
[18] François Ramade. *Principales modalités para lesquelles les biens de consommation et les produits finis interfèrent avec l'environnement*. Écoproduit: concept et méthodologies. ECONOMICA, Paris, 1993, p.51., par J.Vigneron et C.Burstein.
[19] Jacques Vigneron et alli. *Vision écologique des écoproduits*. Écoproduit: concepts et méthodologies. ECONOMICA, Paris, 1993. p.35.
[20] Jacques Vigneron et alli. *En guise de conclusion: vers une éthique de l'environnement*. Écoproduit: concepts et méthodologies. ECONOMICA, Paris, 1993. p. 204.

Nous considérons nous aussi qu'il est fondamental de comprendre l'aspect moral du concept d'écoproduit; dans la mesure la globalisation est désormais un fait concret, y compris dans la définition et la mise en place des écoproduits, il sera nécessaire et possible d'intervenir idéologiquement, tant dans les pays du Nord que dans ceux du Sud. S'agissant des ressources des écosystèmes humains, il ne saurait y avoir de différence entre les «humains» du Nord et du Sud.

Comprendre et appliquer le concept de Vigneron devrait ainsi permettre d'éviter que les multinationales fassent deux poids deux mesures en fonction du pays où elles agissent. S'il est difficile d'intervenir idéologiquement dans la définition et la mise en place des écoproduits dans les pays du Nord, on peut imaginer plus encore le degré de difficulté d'une telle démarche dans les pays du Sud.

## 2.5 Les déchets inertes: un accroissement spectaculaire

Au cours des deux dernières décennies, la production de déchets inertes, c'est-à-dire issus de la construction, de la rénovation et de la démolition de bâtiments, a connu une croissance remarquable dans les grands centres urbains ainsi que dans les villes moyennes. Ce type de déchets présente un potentiel économique et technique de valorisation élevé[21], mais il convient également de prendre en compte le fait que «leur potentiel polluant, et leur teneur élémentaire en polluants ainsi que leur écotoxicité» doivent être insignifiants.[22] De plus, ces matériaux se caractérisent par un important potentiel de recyclage, «précisément dans des activités du secteur même qui les a produites».[23]

Comparés à d'autres déchets solides, les déchets de construction entraînent des nuisances moindres en raison de leur inertie. Toutefois, étant donné leur volume

---

[21] Institut Bruxellois pour la Gestion de l'environnement (IBGE). Guide de gestion des déchets de construction et de démolition. Bruxelles, 1995. p.7.

[22] Christian Desachy. Les déchets: sensibilisation à une gestion écologique. Technique § Documentation, Paris, 1996. p.4.

[23] IBGE. Guide de gestion des déchets de construction et de démolition. Bruxelle, 1995. p.7.

croissant, les dégradations provoquées par leur dépôt sauvage et leur mélange à d'autres déchets, il faut leur accorder une attention spéciale. Selon les données du Ministère de l'Environnement et de la Faune du Québec, les déchets de l'industrie de la construction, de la rénovation et de la démolition «représentent à eux seuls 24% de tous les résidus» produits dans l'État.

En France[24], les ordures ménagères représentent 62% des déchets urbains et les déchets de construction et de démolition seulement 66,6% de ceux de l'industrie, ce qui correspond à une production annuelle de déchets inertes de 100 millions de tonnes. Aux États-Unis, les échantillons qui ont été prélevés dans des enfouissements montrent que 25 à 30% des déchets qui s'y trouvent proviennent de la construction de bâtiments. Et des études menées en 1990 dans 7 pays d'Europe ont indiqué une production moyenne de 450 kg/an/habitant de gravats; les chiffres les plus élevés concernent la Belgique et le Danemark avec 750 kg/an par habitant.[25]

Selon l'IBGE belge[26], environ 850.000 tonnes de déchets de construction et de démolition sont produits chaque année dans la région de Bruxelles, soit près du double des ordures ménagères. Conscient de l'importance d'une bonne gestion des déchets inertes, cet Institut a élaboré en 1995 un guide consacré exclusivement à cette question.

Au Brésil, les déchets de la construction des bâtiments, de la démolition et de la rénovation, sont classés dans les déchets dits municipaux (ou résidus urbains), alors qu'ils sont plutôt ranges en France dans les déchets dits industriels et, au Québec, dans une catégorie distincte de celle où se range l'industrie, et dans laquelle on trouve également les commerces et les institutions.

La plupart des villes brésiliennes ne disposent ni de règles ni de structures appropriées pour gérer les déchets inertes. Les mairies rencontrent de grandes difficultés pour discipliner les rejets clandestins de gravats. Étant donné le coût élevé

---

[24] Courtine, Didier. Décharge proscrite. ECONOMICA, Paris, 1996. p.11.
[25] Apotheker, S. Managing construction and demolition materials. Resource Recycling, août, 1992. In: IPT [Instituto de Pesquisas Tecnologicas]. Manual de gerenciamento integrado, S. Paulo, 1995, p.205.
[26] IBGE. Guide de gestion des déchets de construction et de démolition. Bruxelle, 1995. p.7.

de la collecte de ces matériaux, peu de villes du pays contrôlent les points de décharge. On estime que les municipalités de São Paulo et Belo Horizonte gèrent respectivement 2.000 et 900 tonnes par jour de gravats[27], et notre étude de terrain à Vitória da Conquista nous permet d'évaluer à 70 tonnes/jour la quantité de déchets issus de la construction, de la rénovation et de la démolition de bâtiments produits dans cette ville. Le Tableau 2.3 donne le pourcentage de déchets inertes dans les déchets urbains, pour quelques villes brésiliennes.

**Tableau 2.3** - Pourcentage en poids (en masse) des déchets inertes par rapport au total des déchets urbains dans 8 villes du Brésil (1997)

| Ville | Année | % |
|-------|-------|---|
| Sao José dos Campos | 1995 | 68 |
| Ribeirão Preto | 1995 | 67 |
| Belo Horizonte* | 1996 | 51 |
| Brasília | 1996 | 66 |
| Campinas | 1996 | 64 |
| Jundiai | 1997 | 64 |
| São José do Rio Preto | 1997 | 60 |
| Santo André | 1997 | 62 |

**Source:** Tarcísio de Paula Pinto, Resultados da gestão diferenciada, Téchne, n°31, 1997, p.31.
\* n'ont été prises en compte que les décharges publiques.

---

[27] IPT [Instituto de Pesquisa Tecnologicas]. Manual de gerenciamento integrado. S. Paulo, 1995, p.204.

## 2.6 L'impact sur l'environnement et la santé publique[28]

Les impacts sur l'environnement et la santé publique des déchets urbains peuvent être envisagés sous divers angles, à savoir: a) la provenance; b) la quantité des déchets; c) la collecte; d) le transport; e) la manipulation; f) le conditionnement; g) le traitement; h) le stockage final; g) et le type de déchets produits.

Selon l'OPS (Organisation Panaméricaine de la Santé), il n'existe pas de données statistiques fiables permettant d'avoir une vraie connaissance de la destination finale des déchets urbains dans les pays d'Amérique Latine et des Caraïbes. Dans un document que l'OPS a publié en 1995 et où est évaluée la façon de «déposer» les déchets dans 25 villes de cette région du monde (capitales et autres grandes villes), il est dit que 40% d'entre elles les entreposent de façon inadéquate, 20% de façon acceptable et 32% seulement de façon correcte.[29]

Au Brésil, la dernière enquête qu'a menée à ce propos l'organe officiel d'État chargé des statistiques et du calcul des indicateurs sociaux (IBGE)[30], à savoir l'Enquête Nationale sur l'Assainissement (1989 et publiée en 1992), révèle des situations préoccupantes (Tableau 2.4) quant à la destination finale des déchets dans le pays: 50% de l'ensemble de ce qui est ramassé seraient rejetés dans des décharges sauvages, 22% dans des décharges contrôlées et 23% dans des enfouissements techniques.[31] Le dépôt inapproprié de déchets porte clairement préjudice tant à l'environnement qu'à la santé publique.

Outre le fait qu'une grande partie de leurs déchets est rejetée de façon inappropriée sous forme de décharge sauvage (*lixão* au Brésil), les pays de l'Amérique latine ont en commun le taux élevé de matières organiques que présentent ces déchets. Cette double caractéristique concerne d'autres pays du Sud dans d'autres continents.

---

[28] Dans ce sous-chapitre, nous reprenons certaines de nos analyses décrites dans notre ouvrage *Lixo: soluções alternativas - projeções a partir da experiência UEFS*. UEFS: Feira de Santana, 1997, 152p.

[29] OPS, El manejo de residuos solidos municipales en América Latina y el Caribe. Washington D.C., 1995, p.5.

[30] [Instituto Brasileiro de Geografia e Estatística]

[31] BRASIL/IBGE. PNSB [Pesquisa Nacional de Saneamento Básico], Rio de Janeiro, 1992.

La fraction organique des déchets urbains produits dans ces pays oscille en effet entre 50 et 60%, et l'on sait qu'elle est la cause principale de la production de *lixiviats* «liquides engendrés par la décomposition de certaines substances contenues dans les déchets solides et caractérisés par une couleur sombre, une mauvaise odeur et une Demande Biochimique en Oxygène (DBO) élevée».[32] Étant donné le contexte actuel de la destination finale des ordures dans les pays du Sud, on imagine donc la gravité des implications sur leur environnement et leur santé publique.

La vulnérabilité des ressources hydriques se manifeste principalement à travers la contamination des eaux superficielles, provoquée par infiltration de *lixiviant* dans le sol; cette contamination atteint ensuite la nappe phréatique.

**Tableau 2.4** - Valeurs relatives exprimées en pourcentage des résidus urbains au Brésil leur modalité de destination finale et pour Région Géographique (1989)

| Type de depôt | Région géographique | | | | | |
|---|---|---|---|---|---|---|
| | Nord | Nord-Est | Centre- Est | Sud-Est | Sud | Brésil |
| Ciel ouvert | 67,00 | 89,90 | 54,00 | 26,20 | 40,70 | 47,60 |
| Zones humides | 22,80 | 0,70 | 0,00 | 0,40 | 0,00 | 1,70 |
| Décharge contrôlé | 4,00 | 5,00 | 27,00 | 24,60 | 52,00 | 21,90 |
| Enfouissement sanitaire | 3,70 | 2,20 | 13,10 | 40,50 | 4,90 | 23,00 |
| Résidus spéciaux | - | 0,20 | - | 0,10 | 0,20 | 0,10 |
| compostage | 2,60 | 0,70 | 5,00 | 4,40 | 1,00 | 3,00 |
| recyclage | - | 0,70 | 0,30 | 3,50 | 1,20 | 2,20 |
| Incinération | 0,05 | - | 0,50 | 0,30 | 0,00 | 0,20 |
| Total | 100,00 | 100,00 | 100,00 | 100,00 | 100 ,00 | 100,00 |

*Donnés a partir du IBGE - PNSB (1992), dernier enquête officiel publié.

---

[32] ABNT [Associação Brasileira de Normas Técnicas], NBR 8419, Rio de Janeiro, 1986.

Entre autres nuisances, le rejet d'ordures dans les cours d'eau accélère leur envasement et, en fonction de leur débit, pourra influer sur la DBO et la Demande Chimique en Oxygène (DCO) du milieu. [33]

Malgré leur situation économiques les pays du Nord, rencontrent encore, eux-aussi, des problèmes quant à la destination de leurs déchets urbains. Dans l'évaluation qu'il faisait en 1991 des décharges sanitaires, de l'État, le Ministère de l'Environnement du Québec notait ainsi qu' «aucun des lieux d'enfouissement sanitaire en activité n'était conforme à l'ensemble des mesures prévues par le règlement en vigueur sur les déchets solides. Les lieux présentaient en moyenne 8 irrégularités sur 35 points de contrôle, et 68% de ces lieux émettaient dans l'environnement des rejets non conformes ou contaminaient les eaux souterraines; 83% des lieux avec captage et traitement des eaux de lixiviation contaminaient des eaux de surface».[34]

Bien que faisant partie des pays du Nord, le Québec apparaissait ainsi, à l'instar de ceux du Sud, sujet à des risques provenant des dépôts de déchets urbains. Le Comité de Santé environnementale, cellule de son Département de Santé communautaire, arrivait encore en 1993 au constat qu'«il y a assez d'éléments pour conclure que plusieurs lieux d'enfouissement sanitaire peuvent constituer une menace potentielle pour la santé publique».[35]

Concernant la France, Christian Desachy soulignait en 1996 que «les déchets des ménages de 5% de la population française vont encore alimenter les dépôts sauvages qui se sont constitués clandestinement …».[36]

---

[33] Nunesmaia, Maria de Fatima. Lixo: soluções alternativas. UEFS: Feira de Santana, 1997. p.17.
[34] Ministère de l'Environnement et de la Faune. Pour une gestion durable et responsable de nos matières résiduelles. Québec, 1995, p.17.
[35] ibid.,p.17.
[36] Desachy, Christian. Les déchets: sensibilisation à une gestion écologique. Technique § Documentation, Paris: 1996. p.11.

## Les décharge sauvages

Les lieux où s'accumulent les ordures sont propices à la prolifération de microvecteurs (tels les bactéries, moisissures, vers et virus) et de macrovecteurs (comme les cafards, rats et moustiques) reconnus comme responsables de la transmission de maladies telles que le choléra, l'hépatite A, la leptospirose, la dysenterie, la trichinose, et la fièvre typhoïde.

Dans les décharges sauvages des grandes villes brésiliennes, on observe fréquemment la présence de personnes, connues habituellement sous le nom de «catadores, badameiros» (chiffonniers), qui survivent grâce à ce qu'elles y trouvent.

Dans ces endroits insalubres, des adultes et des enfants sans aucune protection disputent aux animaux (bovins, cochons, chiens, rongeurs et oiseaux) le «meilleur des ordures», où se partagent le gisement, suivant les fractions visibles; ils s'exposent ainsi aux maladies et courent le risque de subir de graves accidents en raison du déplacement des camions des tracteurs et servant au déversement et à l'étalement des ordures.

Selon l'Agence Nord-Américaine de Protection Environnementale [United States Environmental Protection Agency], «les études épidémiologiques ayant examiné le lien entre les ordures et certaines maladies arrivent à la conclusion qu'il n'y a pas de marques évidentes, du moins mesurables, de ce lien, même si on attribue aux ordures un pouvoir élevé de pollution en raison du *lixiviat* qui s'infiltre dans les réserves d'eau douce»[37].

Toutefois, cette affirmation mérite d'être nuancée dans la mesure où entrent en ligne de compte ici des facteurs comme l'adéquation des méthodes de mesure de la pertinence de telles études avec la réalité de chaque pays, la composition variable des

---

[37] J. M. Santos. Coleta Seletiva de Lixo: uma alternativa ecologica no manejo integrado dos resíduos sólidos urbanos. São Paulo, 1995. Dissertação (Mestrado na Escola Politécnica da Universidade de São Paulo).

ordures, le climat et la forme d'exposition des personnes. Au Brésil, par exemple, de nombreuses ambiguïtés et omissions subsistent sur ce problème de la part des autorités gouvernementales, en particulier en ce qui concerne les aspects épidémiologiques, le rapport entre maniement des ordures et maladies.

## L'Impact sur la santé du conditionnement et de la collecte des déchets[38]

Plusieurs auteurs considèrent les résidus solides comme l'un des déterminants du profil épidémiologique de la communauté, qui a une incidence sur les maladies, à côté d'autres facteurs. Du point de vue sanitaire, le rapport causal direct entre résidus solides et maladies n'a pas été prouvé. Cependant, en tant que facteur indirect, les déchets ménagers ont une grande importance dans la transmission de maladies, par exemple à travers des vecteurs tels que les «*arthropodes*» et les rongeurs, qui y trouvent leur nourriture et des conditions adéquates de prolifération.

Les études qu'a réalisées Luiz Roberto Moraes dans 9 quartiers démunis de la banlieue de Salvador, située dans l'État de Bahia au Brésil, ont montré que l'absence de collecte ou la collecte irrégulière des ordures ménagères ainsi que l'absence de leur conditionnement ou leur conditionnement inadéquat engendrent un impact sur la santé de la population. L'auteur a utilisé ici comme indicateurs épidémiologiques l'incidence sur les taux de diarrhée et l'état nutritionnel, ce dernier étant exprimé au moyen de normes anthropométriques, pour un échantillon de 1.204 enfants de moins de 5 ans, ainsi que sur les infections provoquées par des nématodes intestinaux, parmi lesquelles prévalent celles venant de *Ascaris lumbricoides, Trichuris trichura et Ancilostomideos,* pour un échantillon de 1.893 enfants de 5 à 14 ans.

---

[38] Luiz Roberto Moraes. *Impacto na saúde do acondicionamento e coleta dos resíduos sólidos domiciliares.* Xxème Congrès Brésilien d'Ingénierie Sanitaire et Environnementale, Foz do Iguaçu, 1999.

Les résultats de ces études mettent en lumière une relation statistiquement significative entre, d'une part, le type de conditionnement des ordures au sein des ménages, ainsi que la fréquence de leur collecte et, d'autre part, la prédominance de ces trois parasites chez les enfants de 5 à 14 ans et les taux de diarrhée et l'état nutritionnel chez les enfants de moins de 5 ans habitant les zones périphériques pauvres de Salvador, même si d'autres facteurs, socio-économiques, culturels, démographiques et environnementaux, doivent être considérés.

## 2.7 Les déchets d'activités de soins

Ces déchets sont généralement appelés «déchets hospitaliers», bien qu'ils englobent beaucoup d'autres types de déchets: outre ceux des établissements de soins publics (hôpitaux) et privés (cliniques), sont rangés sous cette appellation ceux issus des centres d'hébergement, des activités des professionnels libéraux de la santé, des soins auto - dispensés à domicile, des laboratoires médicaux et des activités vétérinaires.

Généralement, les résidus provenant des services de santé (RSS) représentent 1% à 3% du total des déchets d'origine domestique, et il faut encore considérer que plus de 60% de ces RSS ne sont pas caractérisés comme déchets à risque (dès lors que ceux-ci ont été triés à la source); il s'agit pour partie de déchets administratifs, emballages de remèdes et autres, et matières organiques provenant des cuisines.

Quant au traitement final de ces déchets, des ajustements restent encore à faire au niveau mondial dans la mesure où il n'existe pas de consensus. Dans certains pays du Sud, la législation obligeait à incinérer ces déchets, sans que bien souvent ce soit la meilleure alternative.

A Buenos Aires[39] une évaluation de 17 incinérateurs hospitaliers de leur région métropolitaine a révélé que deux d'entre eux n'avaient jamais été mis en service et que quatre seulement incinéraient des déchets d'activités de soins.

Au Brésil, la gestion de ces déchets est de la responsabilité de celui qui les produit, et ce sont en fait généralement les services municipaux qui en assurent la collecte. Selon les normes brésiliennes, ce type de déchets doit être collecté séparément des déchets ménagers, et diverses normes et lois au niveau fédéral visent à discipliner les procédures concernant leur collecte interne et externe, leur transport, leur manipulation et leur conditionnement.

Il existe malgré tout une grande difficulté d'interprétation et au delà de mise en application de ces normes et lois. Cela tient sans doute à la réalité différenciée du pays d'une région à l'autre, à la rareté des ressources financières disponibles, et aussi au fait que les exigences juridiques ne sont pas compatibles avec la réalité de chaque commune.

Durant notre travail de terrain à Vitória da Conquista, nous avons pu constater la difficulté que rencontraient la communauté médicale et les administrateurs des services de santé (hôpitaux, cliniques, laboratoires, centres de soins, etc.) dans la compréhension des normes à appliquer, comme la norme NER - 9191, ou encore IPT-NEA 59, qui définit les paramètres de confection des sacs en plastique blancs destinés au conditionnement des déchets infectieux. Pourtant, ce type de sac n'est pas disponible dans la région concernée.

---

[39] Cité in João Alberto Ferreira. *Lixo domiciliar e hospitalar: semelhanças e diferenças.* Xxème Congrès Brésilien d'Ingénierie Sanitaire et Environnementale , Foz do Iguaçu, 1999.

## 2.8 Instruments juridiques et mise en oeuvre dans la gestion des déchets au Brésil

### Arrête MINTER n° 53/79

En principe, les directives pour la formulation des codes de propreté urbaine sont fixées par l'Arrêté n° 53 MINTER du 1er Mars 1979; il est intéressant de citer quelques considérants et décisions:

> a) Considérant que, pour le bien-être public, conformément aux normes internationales, les ordures d'au moins 80% de la population urbaine des villes de plus de 20.000 habitants doivent avoir un système de destination finale adéquat au plan sanitaire;

> b) Considérant que, dans l'intérêt de la qualité de la vie, les décharges sauvages, dépotoirs ou dépôts d'ordures à ciel ouvert devront être supprimés, dans le délai le plus court possible, décide:

II - «Les ordures *in natura* ne devront pas être utilisées dans l'agriculture ni pour l'alimentation des animaux».

IV - «Les ordures ou déchets solides ne doivent pas être jetés dans des cours d'eau, des lacs ou lagunes, sauf dans l'hypothèse de la nécessité d'enfouissement dans des lagunes artificielles, autorisé par l'organe étatique de contrôle de la pollution et de la préservation de l'environnement».

En ce qui concerne les dispositions de l'Arrêté n° 53/79 et les données officielles de destination finale des ordures au Brésil, nous constatons que depuis plus de 20 ans, le Brésil dispose déjà d'instruments légaux pour l'interdiction de dépôts d'ordures à ciel ouvert, *ne les tolérant* qu'à titre temporaire avec l'accord de l'organe officiel chargé de l'environnement. Si, au cours de ces années, le Décret n° 53/79 avait été appliqué, le tableau actuel de la destination finale des déchets solides urbains serait autre. L'application [en anglais: implementation] est un mot-clé pour atteindre les objectifs proposés par la loi.

### La législation nationale sur l'environnement

La législation brésilienne sur l'environnement[40] a connu au cours des dernières années une avancée considérable. Actuellement, il existe au niveau national un appareil normatif et tout un système de tutelle juridique sur l'environnement dans le pays. La loi a créé le Système National de l'Environnement-SISNAMA, qui représente un ensemble articulé d'organes et entités de l'Union, des États, du District Fédéral, des territoires et des municipalités responsables de la protection de l'environnement et de l'amélioration de sa qualité.

Les États, dans la sphère de leurs compétences, élaboreront des normes supplétives et complémentaires, en respectant celles qui auront été fixées par le CONAMA. Les municipalités pourront aussi élaborer des normes complémentaires et supplétives, en respectant les standards fédéraux et d'États. Les organes centraux, sectoriels et locaux mentionnés dans cet article devront fournir les résultats des analyses effectuées et leur fondement, lorsqu'ils sont sollicités par une personne légitimement intéressée.

### ABNT

L'Association Brésilienne des Normes Techniques-ABNT est l'organe responsable de la définition, de la classification et de l'établissement de critères relatifs à l'échantillonnage, la disposition, le transport, la manutention et le conditionnement, entre autres, des déchets solides sur le territoire national. L'ABNT est le représentant du pays auprès des entités de normalisations internationales. Ainsi, elle représente le principal instrument du code de normes dans le pays. L'ABNT classe les normes en

---

[40] Loi n° 6.938 du 31 août 1981

sept types: CB - classification, EB - Spécification, MB - Méthodes d'Essai, NB - Procédés, PB - Standardisation, SB - Symbologie et TB - terminologie. Le Tableau 2.5 réunit les principales normes techniques relatives aux déchets.

**Tableau 2.5 -** Principales normes techniques (Association Brésilienne de Normes Technique - ABNT - Normes Brésiliennes - NBR) relatives aux déchets (1984 -1993)

| ABNT NBR: n° | Sujet | Année |
|---|---|---|
| 10004 | Classification résidus | 1987 |
| 9191 | Sacs plastiques | 1985 |
| 12807 | Résidus de services de santé - Terminologie | 1993 |
| 12808 | RSS* - classification | 1993 |
| 10007 | Échantillonnage de résidus | 1987 |
| 1183 | Stockage de résidus dangereux | 1988 |
| 1264 | Stockage de résidus classe II** | 1989 |
| 12980 | Collecte, balayage e conditionnement de résidus solides urbains-terminologie | 1993 |
| 12809 | Entretien de résidus de service de santé | 1993 |
| 12810 | Collecte RSS- précédemment | 1993 |
| 8419 | Projet enfouissement sanitaire | 1984 |
| 9690 | Membrane de PVC pour l'imperméabilisation | 1986 |
| 10157 | Critérium pour projet d'enfouissement résidus dangereux | 1987 |
| 8849 | Projet décharge contrôlée | 1985 |
| 1265 | Incinération de résidus dangereux | 1989 |
| 10005 | Précédemment – lixiviat de résidus | 1987 |
| 9190 | Sacs plastiques pour conditionnement | 1985 |

*RSS: résidus de services de santé.
** classe II: pas dangereux, pas inerte.

### Constitution fédérale

La constitution Fédérale de 1988 préconise, dans son article 30, de reconnaître aux municipalités la compétence législative sur les sujets d'intérêt local, exprimant leur autonomie; par conséquent, la collette et la disposition finale des déchets est à la charge des municipalités. Dans le paragraphe II de l'art. 30 de la Constitution, est reconnue aux municipalités la compétence pour compléter la législation fédérale et d'État relative à l'environnement. Les municipalités établissent leurs codes de l'environnement, loi organique municipale et code de propreté urbaine.

**Résolutions du CONAMA**

Le Conseil National de l'Environnement-CONAMA, est composé d'une Chambre Plénière et de Chambres Techniques; c'est un collège représentatif des secteurs les plus divers du gouvernement et de la société civile qui travaillent directement ou indirectement avec l'Environnement. Parmi les divers représentants, on peut citer: l'Association Brésilienne d'Ingénierie Sanitaire et Environnementale-ABES; l'Association Nationale des Municipalités et de l'Environnement-ANAMMA; les Confédérations Nationales des Travailleurs de l'Industrie, du Commerce et de l'Agriculture.

Soulignons la participation de représentants de la société civile faisant partie de structures légalement constituées (ONG) de chaque région géographique du Pays, dont l'action est directement liée à la préservation de la qualité de l'environnement, et qui sont enregistrés au Cadastre National des Entités Environnementalistes-CNEA.

Le processus de choix des représentants des entités environnementalistes des différentes régions géographiques (Région Sud, Région Nord-Est, région Sud-Est, Région Centre-Ouest et région Nord) du Pays est très démocratique, à travers l'élection entre les ONG (avec autonomie totale de celles-ci) de celles qui les représenteront. Elles envoient au CONAMA deux noms d'entités par région, une entité titulaire et une autre suppléante. De plus, pendant l'élaboration de propositions de lois au sein des GT (groupes de travail), les entités environnementalistes sont présentes. Par exemple, le Groupe de Travail pour la formulation des ressources pour une Politique Nationale des Déchets Solides a été formé de plus de 100 représentants de divers secteurs; nous avons eu l'occasion de participer à diverses réunions, en tant que représentante des entités environnementalistes de la Région Nord-Est. Le MMA (Ministère de l'Environnement dont le siège est à Brasilia) couvre les dépenses de déplacement et de logement pour les conseillers.

La Résolution CONAMA n° 258/99: Réglementation responsabilisant les fabricants et importateurs de pneus ; considérant la nécessité de donner une destination finale, adéquate et sûre pour l'environnement, aux pneus inutilisés, le CONAMA, par sa

Résolution n° 258 du 26 août 1999, discipline et responsabilise les fabricants et importateurs de pneumatiques sur tout le territoire national, pour ce qui concerne le traitement à donner à ce matériel. L'art. 7 dit que les entreprises qui fabriquent des pneumatiques devront, à partir du 1er janvier 2002, démontrer auprès de l'IBAMA, chaque année, la destination finale, adéquate pour l'environnement, des quantités de pneus inutilisés, fixées par l'art. 3 de ladite Résolution, correspondant aux quantités fabriquées.

L'art. 8 indique que, les fabricants et les importateurs de pneus pourront effectuer la destination finale (traitement), de façon adéquate pour l'environnement, des pneus inutilisés sous leur responsabilité, dans leurs propres installations ou par contrat de services spécialisés fournis par des tiers. Art. 9 - A partir de la date de publication de cette Résolution, il est interdit de donner une destination finale inadéquate aux pneumatiques inutilisés, telle que leur dépôt en enfouissement technique, dans la mer, les rivières ou ruisseaux, les terrains vagues ou marécageux, et de les brûler à ciel ouvert.

Au Brésil, l'utilisation de résidus pour remplacer une partie du combustible conventionnel employé dans les fours de *clinker* n'est pas une pratique récente; ces dernières années, les cimenteries installées au Brésil ont montré un intérêt croissant à utiliser des résidus comme combustibles complémentaires dans leurs fours de production de clinker, en se justifiant par la possibilité de réduire les coûts de production du ciment et par les avantages environnementaux qu'offre cette alternative, comme la réduction de la consommation de ressources naturelles non renouvelables, la minimisation des impacts découlant de la disposition des déchets en enfouissement technique et la réduction de l'émission de $CO_2$.[41]

Les résidus employés comme combustibles complémentaires dans les fabriques de ciment installées au Brésil, pendant la période 1976-1995, se sont élevés à un total de 1.760.000 tonnes, correspondant à une économie de 750.000 tonnes d'huile

---

[41] Moura S., Maria Auxiliadora et alli. *Réglementation et Contrôle Environnemental de l'Utilisation de Résidus pour la Production d'Energie Thermique dans des Fours de Production de Clinker. Xxème Congrès de l'ABES, Rio de Janeiro, 1999.*

combustible. Les résidus utilisés: écorce de riz, poudre de charbon végétal, coke vert de pétrole, déchets de bois et pneus usagers, ont été responsables d'une économie de 595.000 tonnes d'huile combustible.

Dans l'État de Minas Gerais, le Conseil d'État à la Politique Environnementale-COPAM/MG a accordé une licence (en Août 1998) à la cimenterie Holdercim – Division CIMINAS, pour traiter en continu 1,8 t de pneus/h (environ 72 pneus/h) ce qui représente environ 15% de l'énergie thermique consommée dans chacun de ses fours de clinker.[42]

La Résolution n° 257: Piles et Batteries de Téléphones Cellulaires ; conformément à la Résolution CONAMA 257, ultérieurement complétée par la Résolution CONAMA 257, ultérieurement complétée par la Résolution n° 263, les piles et batteries de téléphones cellulaires devront être rendues aux commerçants, qui achemineront le matériel au fabricant.

Il incombe à ces derniers d'adopter les procédés de réutilisation, recyclage, traitement ou disposition finale en plus adéquats correcte sur le plan environnemental. Le Président de la République lui-même a fait un discours sur les dommages causés à l'environnement et les risques pour la santé humaine de la disposition inadéquate de ce matériel. La Résolution CONAMA n° 008/91: Interdiction d'importation de déchets ; l'art. 1° de cette résolution du 19 septembre 1991 interdit l'entrée dans le pays de matières résiduelles destinées à la disposition finale et à l'incinération au Brésil.

Suppression de l'obligation d'incinération des déchets des services de santé: La Résolution CONAMA n°006/91 (19 septembre 1991) dans son art. 1° supprime l'obligation de l'incinération ou tout autre traitement de brûlage des déchets provenant des établissements de santé, ports et aéroports, sauf dans les cas prévus par la loi et les accords internationaux.

---

[42] ibid, p.15.

L'Arrêté MINTER/n°53/79 unifiait l'installation d'incinérateurs pour les déchets hospitaliers (ce terme *hospitaliers* n'est plus utilisé, remplacé par celui de déchets provenant d'établissements de santé). En 1991 se développait au Brésil la discussion sur les incinérateurs. La Résolution n°001 du 25 Avril 1991 est le début du rejet de cette technologie, concrétisé par la Résolution n° 006/91.

Les justifications présentées dans la loi du 25 avril 1991 nous paraissent très intéressantes par rapport à la question que nous posons dans notre recherche; elles copient des textes réglementaires des pays du Nord. Nous transcrivons ci-après quelques passages de la loi publiée au Journal Officiel Nation le 3 Mars 1991, Section I, pag. 8.336, portant sur la suppression de l'obligation de l'incinération citée plus haut:

> *Considérant que l'évolution socio-technologique des pays industrialisés du premier monde a poussé à l'incinération des rejets de toute nature faute d'espace, en raison d'un climat défavorable à la dégradation biologique naturelle et en l'absence d'une idéologie de recyclage des matières premières;*

> *Considérant que, 40 ans après, ce processus est devenu inacceptable car inadéquat, autant contesté scientifiquement que rejeté par la population, parce qu'entre autres déficiences, il ne s'accompagne pas de l'élimination de divers agents chimiques et biologiques, au point que des communautés ont fait des pétitions contre le procédé de l'incinération;*

Considérant que la tendance des modèles industriels, actuellement, est le transfert de ces procédés vers des pays désinformés et/ou désactualisés en ce qui concerne cette technologie dépassée et polluante.

Cette loi a été utilisée par l'organisme public de l'environnement de l'État de Rio Grande do Sul pour refuser la licence environnementale relative à pour la mise en œuvre de l'incinérateur (acheté par la mairie en 1990) pour les déchets de services de santé de la municipalité de Porto Alegre.

La Résolution n° 5 d'août 1993 - Traitement des déchets solides provenant de services de santé, ports et aéroports, terminus ferroviaires et routiers ; il appartiendra aux établissements cités de gérer leurs déchets solides, depuis la production jusqu'à la disposition finale, de façon à répondre aux exigences d'environnement et de santé publique, comme prévu à l'art.4.

Parmi d'autres dispositions prévues par la loi décrites dans cette résolution, l'administration des établissements cités (en activité ou à implanter) a la responsabilité et l'obligation de présenter le Plan de Gestion des Déchets Solides, de le soumettre à l'approbation des organes de l'environnement et de la santé, dans sa sphère de compétence, conformément à la législation en vigueur (Art.5).

En ce qui concerne les déchets de nature radioactive produits dans ces établissements (matières radioactives ou contaminées par des radionucléides, provenant de laboratoires d'analyses cliniques, services de médecine nucléaire et radiothérapie), l'art. 13 dit que ces déchets *obéiront aux exigences définies par la CNEN - Commission Nationale de l'Energie Nucléaire.*

La Résolution CONAMA n° 001 du 23 janvier 1986, déjà citée plus haut, rendant obligatoire l'élaboration d'étude d'impact environnemental (EIA) et de rapport d'impact environnemental (RIMA - la loi exige que ce rapport soit fait dans un langage simple et objectif pour être compris par toute personne; il est divulgué dans les journaux en indiquant les lieux publics où le rapport peut être consulté par le public), y compris pour les projets d'enfouissements sanitaires. Certains États, par exemple celui de Bahia, augmentent le niveau des exigences, en demandant que les études d'impact environnemental d'enfouissement sanitaire soient soumises à une audience publique.

**Crimes pénal contre l'environnement**[43]

Cette loi définit les délits, caractérise la responsabilité administrative et civile, et fixe l'application des peines. Dans le Paragraphe Unique de l'art. 3, il est dit: *la responsabilité des personnes morales n'exclut pas celle des personnes physiques, auteurs, co-auteurs ou participants des mêmes faits.*

Au chapitre V - Des Crimes Contre l'Environnement, Section III (de la pollution et autres crimes contre l'environnement), l'art. 54 définit comme délit le fait de provoquer une pollution quelle qu'en soit la nature, à des niveaux tels qu'il en résulte ou peut en résulter des dommages pour la santé humaine, ou animale (…).

La peine définie dans le même article est la réclusion, de un à quatre ans, ainsi que une amende. Le paragraphe 1 dit en outre si le délit est criminel, peine - *détention de six mois à un an et amende.* Paragraphe 2 - si le délit: alinea V - se produit à la suite du rejet de déchets solides, liquides ou gazeux, ou de détritus, huiles ou substances huileuses, en infraction aux exigences fixées par les lois ou les règlements, la peine prévue est la réclusion de un à cinq ans! nous pouvons interpréter que les décharges sauvages brésiliennes sont pour le moins concernés par la description qui procède.

**Loi relative à l'Action civile publique de responsabilité pour dommages causés à l'environnement (…)**[44]

Les actions prévues dans cette loi seront intentées auprès du tribunal du lieu où s'est produit le dommage. L'art. 5 de cette loi ouvre un large éventail de possibilités d'intervention de la société civile à vis-à-vis de dommages à l'environnement. Les actions principales et de précaution pourront de plus être intentées par le Ministère Public, par l'Union, les États et les Municipalités.

---

[43] Loi National n° 9.605 du 12 février 1998

[44] Loi n°7.347 du 24 juillet 1985

Elles pourront l'être également par une entité propre, entreprise publique, fondation, société d'économie mixte ou association constituée depuis plus d'un an, conformément à la loi civile; (…) Et l'art. 6 dit: «Toute personne pourra et le serviteur public devra provoquer l'initiative du Ministère Public, en lui fournissant les informations sur les faits qui constituent l'objet de l'action civile, en indiquant les éléments de la conviction». Cet instrument juridique, disponible depuis la date de sa publication, est un outil précieux pour la mise en application de certaines lois brésiliennes, y compris pour la gestion des déchets urbains.

### Les codes de propreté urbaine

L'accumulation de lois municipales en rapport avec les déchets est en train de prendre corps. Certains codes de propreté urbaine sont très précis; en l'absence de Politique Nationale des Déchets, certains codes sont apparus avant les textes de l'Union relatif à la gestion des déchets; ce fut le cas de la municipalité de Porto Alegre, dans l'État de Rio Grande do Sul.

Le Code de Propreté Urbaine de Porto Alegre, daté du 16 octobre 1990 (Loi complémentaire n° 234/90), dans son Chap. I qui trait des dispositions préliminaires, classe les services de propreté urbaine, définit les types de déchets selon leur provenance, composition, poids ou volume. Son art. 6 prévoit la collecte sélective: *l'exécutif adoptera la collecte sélective et le recyclage des matières comme forme de traitement des déchets solides, et le reste devra être géré manière à minimiser, autant que faire sa peut, l'impact sur l'environnement, dans des lieux spécialement indiqués par les plans directeurs de développement urbain, d'assainissement de base et de protection de l'environnement.* Ce chap. I détermine également la destination finale des déchets, les obligations de l'usager, et l'obligation de l'usage d'Équipements de Protection Individuelle (EPI) par les ripeurs.

Dans le Chap. III - Des ordures ménagères ordinaires, l'art. 12, relatif au conditionnement et à la présentation à la collecte régulière, précise, au paragraphe III, que les ordures ménagères seront conditionnées et présentées de façon séparée suivant qu'il s'agit d'en d'*ordures organiques* et ordures sèches, en vue de la collecte sélective, en respectant la classification suivante:

a) *ordures organiques*: les restes de cuisine, de jardin, le papier hygiénique, les serviettes en papier, les mouchoirs en papier et les absorbants, le marc de café, le maté,[45] la poussière de ménage, les mégots de cigarettes et les cendres;

b) *ordures sèches*: le verre (cassé ou non), le papier et le carton, les métaux, les plastiques, les restes de tissus, les restes de bois.

Au paragraphe IV de ce même chapitre, il est précisé que les organes municipaux exécutifs et législatifs devront implanter un système interne de séparation des ordures en vue de leur présentation à la collecte sélective; de même, les écoles du réseau municipal d'enseignement devront développer des programmes internes de séparation des ordures.

Le code de propreté urbaine de la municipalité de Porto Alegre consacre un chapitre entier à l'Éducation à l'Environnement. Tous les articles de ladite loi, fixant les obligations de l'usager et du service responsable de la collecte, prévoient aussi des amendes en cas d'infraction.

Le Chap. VI exige des «supports» pour la présentation des ordures à la collecte. La ville compte encore beaucoup d'habitations horizontales; pour éviter que des animaux (chats, chiens, etc.) déchirent les sacs en plastique dans lesquels sont conditionnées les ordures, le propriétaire doit, lui-même placer sur le trottoir un support métallique fixe, destiné à les recevoir. Ce chapitre traite, outre du conditionnement, de la propreté et de principes et modalités qui ne causent pas de préjudices au libre passage des piétons.

---

[45] Les gauchos, ceux qui sont nés dans l'État de Rio Grande do Sul, ont l'habitude de prendre du *chimarrão*, une infusion à base de maté, pendant toute la journée.

## 2.9 La mise en oeuvre (en anglais: implementation) des instruments juridiques

Il semble que l'influence nord-américaine (éventuellement allemande) sur les lois environnementales brésiliennes, y compris celles sur les déchets solides, a joué sur les critères *(standard)* de qualité de l'eau, de l'air, des émissions; elles sont en fait basées sur des copies ou ajustements de modèles américains, et pas nécessairement sur les textes législatifs.

Certaines données statistiques officielles présentées dans le corps de cette recherche permettent d'entrevoir que les instruments juridiques qui réglementent la gestion des déchets urbains au Brésil, en particulier leur destination finale, sont ignorés par les municipalités, ou bien la municipalité ne dispose pas des ressources financières nécessaires pour appliquer les normes en vigueur et/ou n'accordent que peu d'importance au volet social, à l'environnemental et à la santé humaine.

La justification la plus souvent mise en avant par les pouvoirs publics municipaux pour la non-mise en oeuvre des règlements normatifs sur la destination finale des déchets solides urbains est la rareté des ressources financières. Les moyens dévolus au secteur de la propreté urbaine sont affectés à l'entretien de la ville (balayage, tonte) et aux services de collecte.

Au cours des vingt dernières années, le traitement et la destination finale des déchets collectés ont été négligés. Un autre aspect important, et qui a aussi beaucoup contribué à entraver la transformation des décharges sauvages en enfouissements techniques, est le facteur politique; quand les tendances politiques de la municipalité ne coïncident pas avec celles des autorités gouvernementales, les crédits peuvent être refusés.

On constate dans le Pays que, lorsqu'il s'agit de procédures juridiques en relation avec l'implantation d'un projet, par exemple d'enfouissement technique, la loi environnementale (EIA - étude d'impact et RIMA - rapport d'impact) est applicable. En 1993 à Campinas (État de São Paulo), une brève note dans le journal local informait que le RIMA du projet d'enfouissement technique de la municipalité était à la disposition de la population pour consultation et recueil de commentaires à la bibliothèque municipale.

Nous sommes allés à la bibliothèque et, quand nous avons demandé le matériel en question, personne n'en avait connaissance; ils ont alors téléphoné à l'organe environnemental (responsable de la note dans le journal) et, après des excuses, nous avons eu accès au matériel le lendemain.

Dans la loi de l'État de Bahia sur l'environnement rend obligatoire une audience publique de présentation des études d'impact environnemental. Dans certains cas, ces audiences sont très fréquentées et le climat peut être tendu, selon le projet en question. Cependant, nous avons eu deux expériences de participation à ces audiences qui nous permettent de constater que même s'il y a des intérêts contraires en jeu, la loi est appliquée.

De plus, s'il existe une mobilisation sociale, les résultats peuvent être surprenants. En 1996, pendant la réalisation de l'audience publique de l'EIA relative au projet d'enfouissement sanitaire de la ville de Porto Seguro/BAHIA, nous avons fait quelques observations sur la localisation, présentée comme la meilleure, pour la construction de l'enfouissement; après une discussion longue et polémique, l'organe environnemental a accepté la suggestion visant à considérer d'autres options de zones pour l'enfouissement.[46]

## 2.10 Quelques aspects du recyclage au Brésil

Quand on parle de valorisation des déchets recyclables, il faut donner de l'importance à la collecte sélective; car, si les ordures ont été sélectionnées à leur source, la qualité de la matière première secondaire sera meilleure. La collecte sélective, partie

---

[46] Nous avons été invitée par l'ONG environnementale de la région à participer à l'audience ; la zone choisie pour l'enfouissement était utilisée par la communauté comme zone de loisir, surtout pour des baignades en rivière.

intégrante de la gestion des déchets solides urbains, doit prévoir également la destination finale des ordures, ainsi qu'un programme d'éducation environnementale.

Toutefois, le choix de ce système rend fondamental de rechercher, entre autres facteurs, le marché des recyclables; à son tour, il permettra de démontrer la viabilité (ou non) de la mise en oeuvre de programmes de collecte sélective. Au Brésil, d'après un relevé effectué par le CEMPRE (Engagement des Entreprises pour le Recyclage), il existait 81 programmes municipaux de collecte sélective en 1994, et leur nombre s'est élevé à 135 municipalités en 1999.

Le coût moyen de la collecte sélective en 1994, était de 240 US$ par tonne, s'abaissant à US$ 157/tonne en 1999. Dans la population concernée, les villes de Curitiba (1.450.000 habitants) et Porto Alegre (1.300.000 habitants) se détachent. En ce qui concerne la quantité de recyclables recueillis, nous avons relevé: Curitiba et Porto Alegre ont une collecte de 1.800 tonnes par mois.

La fraction papier/carton est la plus importante (39%), dans la composition moyenne, en poids, des programmes de collecte sélective au Brésil et le rebut représente 10,2%.[47]

D'après le représentant de la REYNOLDS-LATASA au Brésil, l'indice de recyclage des petites boîtes en aluminium a atteint, au $1^{er}$ semestre de 1999, 81,9%, battant le record mondial de recyclage de l'aluminium.[48] L'Association des Fabricants d'Emballages de PET estime que l'industrie recyclage du PET a recyclé, en 1998, 40.000 tonnes, représentant une croissance de 33% par rapport à l'année 1997. Par rapport au début de l'activité, en 1994, l'accroissement est de 200%.


**L'approche: la municipalité et les *Catadores***

Au cours de la décennie 90, quelques villes brésiliennes ont compris la nécessité d'établir une relation de proximité entre leur programme de collecte sélective et les

---

[47] [Guia da Coleta Seletiva de lixo]. São Paulo, 1999. (CD).
[48] CEMPRE. Cempre informa, N° 47, ano VII setembro/outubro, 1999. p.3.

*catadores*. Nous soulignerons le cas de Porto Alegre: lorsqu'elle a transformé son ancienne décharge en enfouissement technique, avec l'aide d'un travail social de la mairie, les *catadores* de la décharge de la Zone Nord se sont organisés en créant l'Association des Recycleurs de Déchets de la Zone Nord (entre 1991 et 1996 ont été créées 8 associations.

Par ailleurs le travail social avec les *catadores* de papier et carton de rue développé par la Mairie de Belo Horizonte, en partenariat avec l'Association des *Catadores* de Papier, Carton et Matériau Récupérable (ASMARE), a conduit à implanter trois centres de tri (Galpões), supprimant 50 points critiques de tri sur les trottoirs de la zone centrale de Belo Horizonte; ce partenariat a rendu possible la reconnaissance des *catadores* de papier comme professionnels de la propreté urbaine.[49]

Au Brésil et dans les pays où il existe des ramasseurs, il est indispensable, lors de la délimitation des modalités de gestion des déchets urbains, que l'univers des ramasseurs soit analysé par les responsables de la de propreté urbaine.

---

[49] SLU, Rapport d'activité du 1996. SLU, Belo Horizonte, 1997.

# CHAPITRE 3

# GESTION DES DÉCHETS SOCIALEMENT INTEGRÉES

## 3.1 Gestion des déchets socialement intégrée: le cas des ordures ménagères au Brésil

Le vocable de gestion intégrée des déchets est devenu mondial dans son emploi, mais son contenu est flou, multivoque, et variable suivant les pays. Plus encore, le contenu du vocable de gestion *socialement intégrée* mérite d'être précisé, et l'importance accordée au social, en particulier à l'emploi et à l'insertion sociale, ainsi qu'au participatif est elle-même variable suivant les pays.

Le cas du Brésil a été retenu, parce qu'il semble que, dans ce pays, une grande importance soit accordée au social et qu'un contenu fort lui ait dores et déjà été donné.

Plus précisément, les exemples de Porto Alegre, Curitiba et Belo Horizonte ont été retenus; s'y ajoutent, de façon succincte, quelques autres exemples.

A l'issue de ce tour d'horizon, il apparaît que ce nouveau pays industriel a un fort potentiel d'innovations sociales.

## 3.2 Le concept de gestion intégrée: un kaléidoscope

Pour les ordures ménagères, une gestion non intégrée est susceptible de signifier, en premier lieu, que les ménages peuvent faire appel à la compagnie d'enlèvement de leur choix. Tel fut le cas par le passé, mais les collectivités locales représentent aujourd'hui très généralement l'autorité compétente pour organiser ce service, devenu service public. Elles peuvent toutefois assurer les tâches correspondantes elles-mêmes (en régie *directe*) ou les confier à un prestataire.

Les contre-exemples d'auto-organisation par les habitants eux-mêmes sont aujourd'hui rares dans les pays industriels. Par contre, dans les pays en développement, cette pratique reste forte, en raison d'une couverture partielle des espaces urbains par la collecte municipale, en particulier en raison d'un développement urbain très rapide en périphérie. Les habitants se débrouillent alors eux-mêmes (tant bien que mal) ou font appel à des charretiers. Le phénomène tend également à toucher certains pays d'Europe de l'Est, par exemple la Pologne, tentés par une privatisation aussi complète que possible.

Le Royaume-Uni (depuis l'époque Thatcher et, dans son sillage, le *Local Government Act)*, ainsi que l'Irlande, fournissent des exemples de privatisation poussées de l'exécution du service: l'enlèvement et le traitement en régie directe sont exclus. Les marchés correspondants sont obligatoirement soumis à concurrence, dans le cadre d'appels d'offres. Les collectivités locales, si elles veulent assurer ces services, doivent elles-mêmes s'impliquer dans le montage d'entreprises.

Dans divers pays européens, on observe de plus des formules mixtes ou hybrides associant public et privé, suivant des montages variés, en particulier en fonction du Droit du pays.

L'intégration concerne également le financement du service. Ainsi, dans la formule française de l'*affermage,* l'entreprise facture elle-même, directement, sa prestation à l'usager; mais à ce système s'est largement substitué celui du service public financé par l'impôt, notamment des impôts locaux. Dès lors, ce qui est couramment appelé privatisation reste réalisé *sous couvert* de service public, financé par l'impôt. Des entités juridiques distinctes, dotées de la personnalité juridique et de l'autonomie financière, peuvent toutefois être constituées. De plus, pour le traitement, certains pays ont recours à la formule du *build and operate,* c'est-à-dire que l'entreprise privée construit l'équipement et en assure l'exploitation, le cas échéant à ses risques et périls.

A l'inverse de la privatisation, le *socialisme municipale* se traduit par un fort et large interventionnisme des collectivités locales. Celui-ci fut en vogue en Angleterre, ainsi qu'en France, vers 1900. Actuellement, en Belgique, le secteur privé du déchets s'est plaint de la concurrence exercée par les puissantes *intercommunales*.

Une gestion intégrée peut en effet se traduire par un renforcement de la coopération intercommunale (en France, la loi de juillet 1999, dite loi Chevènement, vise à la renforcer) pour la collecte et plus encore le traitement, afin de bénéficier d'économies d'échelle, y compris relatives à l'organisation, et d'un plus grand pouvoir de négociation.

La gestion intégrée est de plus renforcée par une planification administrative; en France, les plans départementaux (pour les ordures ménagères et déchets assimilés) et régionaux (pour les déchets industriels spéciaux) en fournissent une illustration.

Gestion intégrée pourrait en outre signifier une forte participation des habitants aux choix majeurs (choix démocratiques, à articuler avec les choix technologiques), et un rôle accru pour le contrôle et le suivi. La Suède en montre la voie.

A l'inverse, la non-intégration du point de vue des habitants se traduit par le refus d'accueillir sur leur territoire de nouvelles installations de traitement (le phénomène *Nimby).*

Une gestion municipale intégrée pousse également à s'intéresser à toutes les catégories de déchets, y compris les déchets diffus d'activités de soins, les déchets de bricolage, les gravats, etc.

Pour le traitement, le souci d'une gestion intégrée conduit à concevoir des *complexes multi-filières* de valorisation, matière et énergie (y compris compostage, récupération d'énergie pour le chauffage urbain, etc.), et d'élimination.

En ce qui concerne la récupération, il convient de distinguer le *secteur* professionnel de la récupération de la *fonction* de récupération, celle-ci pouvant être assurée par diverses catégories d'acteurs, dont les Groupes de l'élimination. Ces derniers intègrent de plus en plus des activités de récupération, voire de recyclage.

Pour la valorisation-énergie, des grands Groupes producteurs d'énergie ont intégré des activités relatives aux déchets (cas des Groupes allemands, de Tractébel–Fabricom-Watco en Belgique, d'EdF-Tiru en France, etc.). Pour les compagnies privées, gestion intégrée vise à signifier qu'elles assurent ou proposent d'assurer l'ensemble des opérations de collecte et de traitement (y compris collecte sélective et tri, et traitement multfilières), correspondant à des filières complètes, voire une gamme étendue d'autres services pour les collectivités locales. Les plus importantes interviennent de plus sur les marchés des déchets industriels.

Elles peuvent faire valoir des économies d'échelle, ainsi que l'intérêt d'un angle de vision plus large. L'intégration *verticale* se double d'une intégration *horizontale*. Elles interviennent sur de nombreux terrains, dans divers espaces, à l'échelle nationale et internationale, et, pour les plus importantes, mondiale.

Pour les installations de traitement, elles peuvent proposer d'assurer à la fois les études d'ingénierie, la construction et l'exploitation, en privilégiant les contrats à long terme. De plus, certains groupes sont liés à des organismes bancaires ou financiers (par exemple, Suez-Lyonnaise, qui-entre autres marchés-a renforcé sa position au Brésil).

Au niveau européen, gestion intégrée signifie, dans l'esprit du Traité de Rome, libre-circulation dans l'espace européen, ce qui conduit à une position favorable à l'ouverture des services publics à la concurrence. S'y ajoute le souci d'harmoniser les politiques, de définir des règles communes, de lutter contre les mesures discriminatoires, de résorber les disparités, d'assumer un haut niveau de protection de l'environnement, d'affirmer une hiérarchie des axes de gestion des déchets, ainsi que de lutter contre d'éventuels abus de position dominante.

En fait, les déchets ne sont pas considérés comme des marchandises comme les autres; le principe de libre-circulation est contrecarré par l'affirmation du principe de proximité quant à leur traitement.

La politique européenne s'intègre elle-même dans des règles et des préoccupations à plus large échelle: Convention de Bâle, coopération avec l'Europe de l'Est, les pays en développement, etc.

En ce qui concerne les voies d'approche de la gestion des déchets, une hiérarchie (en fait un peu différente suivant les pays)est affirmée, accordant la priorité à la prévention, qualitative et quantitative, puis (à défaut) à la valorisation des déchets.

La prévention rejoint des préoccupations relatives au *design*, c'est-à-dire à la conception des produits, et les analyses de cycle de vie constituent un outil intégrateur, parce qu'elles sont multi-stades (*du berceau au tombeau*) et multi-milieux. Ce souci conduit à préconiser d'articuler la politique des déchets avec celle des produits, et de la consommation. Toutefois, dans les pays en développement, la volonté de réduire les consommations est souvent perçue comme une forme de *malthusianisme* que voudrait leur imposer les pays riches.

Un argument financier en faveur de la prévention, ainsi que de la récupération et du recyclage, réside dans le *coût évité*, par rapport à l'élimination. Cependant, celui-ci est élevé dans les pays les plus industrialisés, riches, mais faible dans les pays en développement.

Une gestion intégrée renvoie en outre au concept de *responsabilité élargie* des industriels vis-à-vis des produits (y compris les emballages) qu'ils mettent sur le marché. Ce concept gagne du terrain. A la limite, s'il était appliqué à l'ensemble des produits, ce serait «la *fin des déchets municipaux*»: tous les déchets deviendraient déchets industriels, en termes de responsabilité de leur devenir.

A diverses échelles, gestion intégrée signifie également intégration des déchets dans des préoccupations relatives à l'activité économique, à l'emploi, à l'autonomie [*self-reliance*] et au développement durable [*sustainable waste management*]. L'emploi du vocable «gestion *intégrée»* est devenu mondial, mais son contenu reste flou, multivoque, et variable suivant les pays.

## 3.3 Essai de recentrage du concept et d'introduction à une gestion socialement intégrée

Jean-François Vereecke, dans sa Thèse de Doctorat[50], a présenté (au chapitre 5) un modèle du satisficing. Il retient quatre critères:
 a) financier: minimiser les coûts;
 b) environnemental: minimiser les pollutions et nuisances;
 c) social: maximiser l'emploi local;
 d) participatif: maximiser la participation des usagers.

Pour chaque critère, la politique choisie conduira à l'attribution d'une note représentant un rang ou un indice de satisfaction. Chaque critère est représenté par un demi-axe, sur lequel la satisfaction est d'autant plus grande qu'on s'éloigne du point origine.

Les quatre demi-axes, correspondant aux quatre critères, sont assemblés graphiquement autour d'un même point origine, en croix. En reliant entre eux les points représentatifs des rangs ou indices de satisfaction, on obtient des profils (*dits téléologiques)* de politiques.

---

[50] Jean-François Vereecke: *Gestion séparative des ordures ménagères: apprentissage organisationel et sentiers d'évolution,* Thèse de Doctorat, Université des Sciences et Technologies de Lille, oct. 1999.

Par exemple:

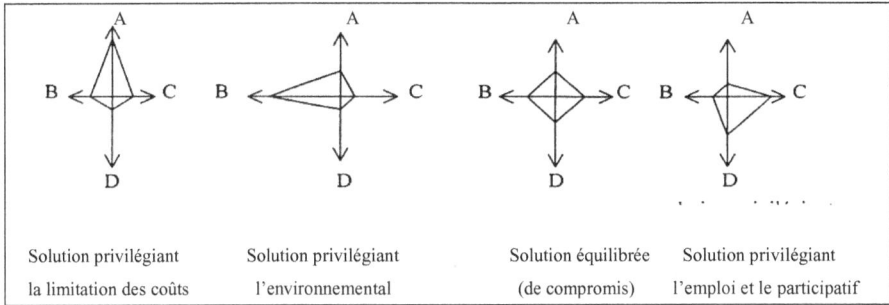

| | | | |
|---|---|---|---|
| Solution privilégiant la limitation des coûts | Solution privilégiant l'environnemental | Solution équilibrée (de compromis) | Solution privilégiant l'emploi et le participatif |

Vereecke a utilisé cet outil pour dresser les profils de politiques déchets de villes de la Région Nord-Pas-de-Calais.

Dans l'analyse qui suit, relative au Brésil, l'attention sera centrée sur les critères C et D (emploi et participatif), considérés comme caractéristiques d'une gestion *socialement intégrée*.

### 3.4 Étude de cas: le Brésil

Dans un article de la revue *Waste Age*[51], Allen Blakey analyse les marchés des déchets en Amérique latine, en particulier pour une pénétration accrue par des Compagnies nord-américaines. Il note que, dans ces pays, «*les problèmes de chômage rendent politiquement impopulaire l'acquisition d'équipements efficaces et modernes*». Il reconnaît que, «*en Amérique latine, la main d'œuvre est bon marché et la capacité à préserver les emplois constitue un facteur critique de stabilité sociale. Dès lors, il peut être difficile, voire contre-productif, de vendre des équipements qui économisent de la main d'œuvre*». Il ajoute que, pour une compagnie étrangère, il est indispensable d'avoir un partenaire local. Enfin, il estime qu' «*une réorientation des*

---

[51] Waste Age, juin 1999, article de Allen Blakey.

*aides des banques multilatérales, qui concerneraient non plus seulement les projets d'infrastructures massives, mais également des projets davantage axés sur l'environnement et le social, serait de nature à stimuler les affaires».*

Plutôt que sur les problèmes et perspectives de pénétration du marché brésilien des déchets par des firmes étrangères, l'analyse sera centrée sur les politiques sociales municipales, dans ce pays.

Un problème majeur réside dans l'articulation de la politique municipale avec l'activité des *chiffonniers (*en brésilien: catadores; en anglais: *scavengers*): chiffonniers de rue et - problème plus préoccupant - sur décharges. En particulier, la mise en place et le développement de collectes sélectives municipales, ainsi que de Centres de tri, doit-elle conduire à considérer leur activité traditionnelle d'*écrémage* des gisements comme une forme de concurrence vis-à-vis de l'action municipale?

A l'inverse, plutôt que d'introduire une nouvelle forme de concurrence qui nuise à leur activité, la collecte sélective et le tri organisé par la Municipalité peuvent-ils constituer une opportunité pour améliorer leur condition?

En ce qui concerne les Centre de tri, il peut s'agir du tri ou du surtri du produit de collectes sélectives, ou bien d'un tri sur ordures ménagères brutes, faisant l'objet d'une collecte unitaire.

Gérard Bertolini et B. Morvan ont eu l'occasion, en 1995, d'expertiser au Brésil huit Centre de tri sur ordures brutes[52]. On notera à ce sujet que, dans les pays les plus industrialisés, ce mode de tri a presque disparu, d'une part pour des raisons sanitaires et de conditions de travail, d'autre part parce que les matériaux récupérés sont souillés par des matières adhérents, ce qui réduit leur valeur. Au Brésil les Centre de tri sur ordures brutes tend à régresser au profil du tri de fractions sélectionnées.

Le tri en Centre de tri est largement manuel. Dans quelle mesure permet-il d'employer, au plan quantitatif ainsi que qualitatif, les *catadores*, en particulier ceux qui opéraient sur les décharges?

---

[52] G. Bertolini et B. Morvan: *L'organisation du tri des ordures ménagères dans les Ped; études de cas au Brésil,* Rapport à l'Ademe, 1996. Article dans déchets, Sciences et Techniques

A Vitória (capitale de l'État d'Espírito Santo, ville de 120.000 habitants), le Centre de tri (sur ordures brutes) employait, en 1995, 248 personnes. Vis-à-vis des besoins, sur la base d'autres références, ce nombre apparaît élevé, la main d'œuvre est surnuméraire. Il résulte de la pression des syndicats, qui ont obtenu l'embauche d'un grand nombre de *catadores* qui opéraient précédemment sur la décharge.

Le problème est également d'ordre qualitatif. Ainsi, à Rio de Janeiro, une étude de 1994 indique que les deux-tiers des 600 *catadores* de la décharge de Gramacho ne voulaient pas abandonner leur mode de vie.

Les bulletins publiés régulièrement par CEMPRE (association regroupant principalement des industriels, dont le siège est à São Paulo) permettent de repérer diverses initiatives, en 1994 et 1995[53]: ainsi, le programme municipal de la ville portuaire de Santos, dans l'État de São Paulo, a pris soin de ne pas nuire au travail des *catadores*. Lors de la fermeture de la décharge, en 1989, la municipalité les a aidé à constituer une association. Ses membres ont reçu une formation professionnelle et ont été reconvertis en travailleurs de la propreté urbaine. Ils portent désormais une carte d'identification et un uniforme, disposent de charrettes jaunes standardisés pour collecter dans les rues des matériaux recyclables.

A Recife, l'Association pour la défense de la nature de l'État de Pernambuco, avec le soutien de la Fondation Mac Arthur, a démarré en 1994 un projet-pilote d'organisation des 1.500 *catadores* de rue. Une trentaine d'entre eux ont constitué une coopérative, et il est prévu d'accroître progressivement le nombre de ses membres.

A Fortaleza, capitale de l'État de Ceará (dans le Nord-Est), qui comptait près d'un millier de *catadores,* dont 600 sur la décharge de Jangurussu, des discussions avec la municipalité étaient engagées en 1994, pour qu'ils deviennent des employés du Centre de tri.

---

[53] Bulletins CEMPRE: février 94: *scavengers: the hidden link; décembre 95 Dump closing: the social impact.*

A Salvador, capitale de l'État de Bahia, le programme de *bio-remédiation* du site de décharge Canabrava, où opéraient 2000 catadores, s'est accompagné en 1995 de la mise en place d'un stockage préalable, temporaire, où 400 d'entre eux pouvaient travailler.

Plus récemment, des *catadores* sur décharge de Jardim Gramacho, dans l'État de Rio de Janeiro, ont constitué une coopérative, dont les 60 membres travaillent maintenant dans deux Centre de tri.

En 1994, CEMPRE a entrepris la diffusion d'un *kit* de matériel pédagogique relatif au chiffonnage.

En ce qui concerne la constitution de coopératives de chiffonniers, on peut rappeler qu'en France, à la fin du dix-neuvième siècle, en particulier suite aux arrêtés d'Eugène Poubelle défavorables au chiffonnage de rue, leur nombre s'est multiplié; mais les difficultés croissantes de l'industrie du chiffon étaient dues en outre à la substitution du bois au chiffon dans la production du papier. Toutefois, les chiffons n'étaient pas le seul matériau récupéré.

D'une façon plus générale, un regroupement en association ou en coopérative permet aux chiffonniers de réduire leur dépendance vis-à-vis de ceux qui les font travailler (souvent les *exploitent)* et leur achètent le produit de leur collecte, au jour le jour, à bas prix. Une vente groupée permet d'obtenir un meilleur prix, le cas échéant en *supprimant* un intermédiaire (car ce négoce s'accompagne d'une *cascade* d'intermédiaires).

Des études de cas plus approfondies permettent de mieux analyser le concept de gestion socialement intégrée des déchets.

# CHAPITRE 4
# L'ÉTUDE DES RÉSIDUS URBAINS D'UNE VILLE DE TAILLE MOYENNE AU BRÉSIL

## 4.1 Caractéristiques physique et démographique de Vitória da Conquista, État de Bahia - Brésil

La commune Vitória da Conquista, d'origine indienne, est la troisième en population, parmi les 417 communes de l'État de Bahia, avec une superficie de 3.743 km² et la population de 242.155 habitants (IBGE, 1996); dont 83,7% habitent en zone urbanisée et 16,3% en zone rurale. La commune est située (Figure 4.1) dans le Sud-Ouest de l'État de Bahia. Par ailleurs, la ville est situé à 509 km de la capitale de l'État, à une altitude moyenne supérieure à 900m. Son climat semi-aride la place dans le «polygone de la sécheresse», avec une température annuelle moyenne de 19,6°C, maximale de 23,5°C et minimale de 15,1°C. Cordonnées: 14° 50' de latitude et 40° 50' de longitude. Quant à la pluviosité, la moyenne sur l'année est de 717mm, le maximum étant de 1245mm et le minimum de 301mm.

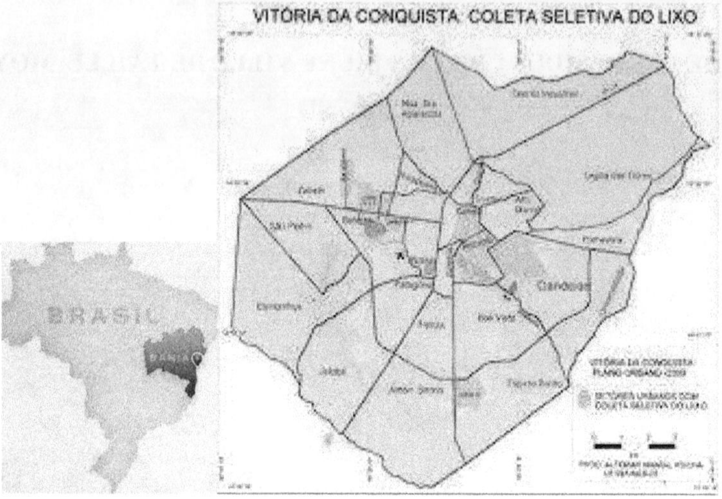

**Figure 4.1** - Localisation de Vitória da Conquista, État de Bahia - Brésil.

## 4.2 Le service de propreté urbaine: Vitória da Conquista

Jusqu'en juin 1997, aucune étude touchant aux déchets produits dans cette commune n'avait été réalisé.

L'étude a été menée de mai 1997 à octobre 1998 dans la ville cible (Vitória da Conquista), différentes recherches ont été réalisées, à travers des enquêtes et des échantillons de terrain, de façon à identifier la quantité de déchets municipaux produits *per capita*, leur composition et leurs potentialités. Ces données ont étayé et orienté les discussions avec la communauté locale concernant la Conception du modèle de Gestion des Ordures Municipales de Vitória da Conquista. Nous avons étudié les différents gisements de déchets municipaux.

## 4.3 Caractérisation des ordures ménagères dans cinq quartiers de Vitória da Conquista

### Critères pour l'échantillonnage

Face aux difficultés pour obtenir les données officielles sur la distribution géographique des différentes classes sociales de la population de Vitória da Conquista, nous avons adopté des hypothèses, en faisant appel aux informations disponibles auprès des anciens résidents de la ville. Ainsi, nous avons considéré comme représentatifs pour l'échantillonnage les quartiers suivants: Brasil, Patagônia, Sumaré, São Vicente e Candeias.

Le Tableau 4.2 montre les classes sociales des différents quartiers choisis comme échantillon: Brasil et Patagônia ont été considérés de classe moyenne basse/basse, Candeias comme de classe moyenne aisée/aisée et Sumaré et São Vicente, comme de classe moyenne.

**Tableau 4.2** - Sociologie des quartiers de Vitória da Conquista, État de Bahia-Brésil, distribution des classes sociales (1998)

| Quartier | Classe Sociale* |
| --- | --- |
| Brasil | Moyenne basse/basse |
| Patagônia | Moyenne basse/basse |
| Candeias | Moyenne aisée/aisée |
| Sumaré | Moyenne |
| São Vicente | Moyenne |

\* la définition de la classe sociale s'est basée sur la perception des habitants

### Composition des ordures ménagères: quartier Brasil

Le ramassage des ordures ménagères du quartier Brasil se fait les mardi, jeudi et samedi durant la journée. Pour prélever l'échantillon, nous avons utilisé toutes les ordures collectées lors d'un des 4 voyages, le mardi (29/07/97), soit 9.950kg.

Pour mieux comprendre les résultats de la caractérisation physique préliminaire des ordures ménagères de ce quartier, il convient de considérer que: a) cette collecte dessert, outre des résidences, 1.179 activités différentes de commerce; b) on y trouve une quantité significative de terre, issue probablement du balayage; c) les ordures présentent un aspect très humide. De plus, selon des informateurs locaux, ce quartier abrite des classes de population moyennes/basses et basses.

La fraction organique de ces ordures représente plus de 70%, suivie par les fractions de plastique, de papier/carton, de métal et de verre. Le Tableau 4.3 présente la distribution en pourcentage de chacune de ces fractions.

**Tableau 4.3** - Valeurs relatives exprimées en pourcentage des fractions des ordures ménagères du quartier Brasil, Vitória da Conquista, État de Bahia-Brésil (1997)

| | Fraction de déchet | | | | | |
|---|---|---|---|---|---|---|
| Échantillon | Plastique (%) | Carton/Papier (%) | Verre (%) | Métal (%) | Organiques (%) | Autres (%) |
| 1 | 10,70 | 5,70 | 1,30 | 3,00 | 74,80 | 4,40 |
| 2 | 14,10 | 6,00 | 2,20 | 2,50 | 70,90 | 4,10 |
| 3 | 12,40 | 5,70 | 2,30 | 2,40 | 71,80 | 5,40 |
| 4 | 13,70 | 7,80 | 0,20 | 2,40 | 71,30 | 4,70 |
| Moyenne | 12,70 | 6,40 | 1,50 | 2,60 | 72,20 | 4,70 |

# Composition des ordures ménagères du quartier Patagônia

Ce quartier comporte 717 boutiques et 25.313 habitants. Les ordures y sont collectées les lundi, mercredi et vendredi pendant la journée, à partir de 7h. Pour constituer l'échantillon, ont été utilisés 8.350kg, ramassés par 3 camions, le 30/07/97.

La fraction organique représente 69,20% des ordures du quartier, suivie par les fractions de plastiques (12,00%, dont la plus grande partie sous forme de film fin), de papier/carton (7,40%), de verre (2,40%) et de métal (2,30%). Le Tableau 4.4 indique les résultats obtenus avec les échantillons analysés sur le terrain.

**Tableau 4.4** - Valeurs relatives exprimées en pourcentage des fractions des ordures ménagères collectées dans le quartier Patagônia Vitória da Conquista, État de Bahia - Brésil (1997)

| | Fraction de déchets | | | | | |
|---|---|---|---|---|---|---|
| Échantillon | Plastique (%) | Carton/Papier (%) | Verre (%) | Métal (%) | Organique (%) | Autres (%) |
| 1 | 13,40 | 6,20 | 1,60 | 2,00 | 71,80 | 5,00 |
| 2 | 11,00 | 8,10 | 1,20 | 2,30 | 65,30 | 12,00 |
| 3 | 13,70 | 7,70 | 5,60 | 2,00 | 65,50 | 5,50 |
| 4 | 10,20 | 7,70 | 1,30 | 2,90 | 74,20 | 3,70 |
| Moyenne | 12,00 | 7,40 | 2,40 | 2,30 | 69,20 | 6,50 |

*les deux premiers échantillons totalisent chacun 90 kg

# Composition des ordures ménagères: quartiers Sumaré et São Vicente

Dans ces deux quartiers, le ramassage s'effectue les lundi, mercredi et vendredi, le soir, à partir de 18h. L'échantillonnage a été réalisée le 31/07/97 et le poids d'ordures ayant servi à prélever l'échantillon était de 9.410kg. La population peut y être considérée comme de classe moyenne.

On observe ici une légère baisse de la fraction organique et une augmentation des fractions sèches par rapport aux quartiers Brasil et Patagônia, comme le montre le Tableau 4.5.

**Tableau 4.5** - Valeurs relatives exprimées en pourcentage des fractions des ordures ménagères des quartiers Sumaré et São Vicente, Vitória da Conquista, État de Bahia–Brésil (1997)

| | Fraction de déchet | | | | | |
|---|---|---|---|---|---|---|
| Échantillon | Plastique (%) | Carton/Papier (%) | Verre (%) | Métal (%) | Organique (%) | Autres (%) |
| 1 | 11,70 | 7,70 | 2,80 | 5,00 | 68,80 | 3,90 |
| 2 | 15,00 | 9,50 | 3,00 | 1,80 | 65,00 | 5,50 |
| 3 | 12,00 | 8,70 | 2,00 | 2,00 | 70,00 | 5,20 |
| 4 | 10,50 | 8,10 | 4,20 | 2,50 | 70,80 | 3,70 |
| Moyenne | 12,30 | 8,50 | 3,00 | 2,80 | 68,60 | 4,40 |

**Composition des ordures ménagères: quartier Candeias**

Dans ce quartier, le ramassage se fait les mardi, jeudi et samedi, le soir après 18h. Ses habitants peuvent être considérés comme étant des classes moyennes/aisées et aisées. Il ressort que la quantité d'emballages cartonnés, métalliques, PET et autres types de plastique est supérieure à celle que l'on trouve dans les autres quartiers analysés. En revanche, le pourcentage de la fraction organique s'avère le plus faible de tous, avec 59,37%. Le Tableau 4.6 qui suit présente la distribution des différentes fractions des ordures de ce quartier.

**Tableau 4.6 -** Valeurs relatives exprimées en pourcentage des fractions des ordures ménagères du quartier de Candeias, Vitória da Conquista, État de Bahia - Brésil (1997)

| | Fraction de déchet | | | | | |
|---|---|---|---|---|---|---|
| Échantillon | Plastique (%) | Papier/ Carton(%) | Verre (%) | Métal (%) | Organique (%) | Autres (%) |
| 1 | 16,50 | 18,60 | 3,30 | 1,60 | 58,10 | 1,80 |
| 2 | 15,80 | 17,50 | 1,30 | 4,00 | 60,60 | 0,70 |
| 3 | 14,00 | 15,00 | 2,60 | 3,90 | 61,30 | 3,20 |
| 4 | 16,00 | 14,20 | 3,20 | 6,20 | 57,50 | 2,80 |
| Moyenne | 15,60 | 16,40 | 2,60 | 3,90 | 59,40 | 2,10 |

**4.4 Composition et production des déchets de la ville de Vitória da Conquista**

La détermination de la composition des déchets de la ville s'est fondée sur les résultats de nos recherches de terrain dans les cinq quartiers cibles. Pour l'ensemble de la ville, la composition des déchets apparaît comme suit: matière organique, 67,30%; plastique, 13,20% et papier/carton, 9,70%. On voit ici que la fraction organique représente à elle seule plus des 2/3 des ordures ménagères de la ville. Le

Tableau 4.7 donne la composition des ordures ménagères respectivement par quartier et pour l'ensemble de la ville.

**Tableau 4.7** - Valeurs relatives exprimées en pourcentage des fractions des ordures ménagères, selon les quartiers de Vitória da Conquista, État de Bahia-Brésil (1997–1999)

| | **Fraction** | | | | | |
|---|---|---|---|---|---|---|
| **Quartier** | Plastique (%) | Papier Carton (%) | Verre (%) | Métal (%) | Organique (%) | Autres (bois, textiles) (%) |
| Brasil | 12,70 | 6,40 | 1,50 | 2,60 | 72,20 | 4,70 |
| Patagônia | 12,00 | 7,40 | 2,50 | 2,30 | 69,20 | 6,50 |
| Sumaré et S Vicente | 12,30 | 8,50 | 3,00 | 2,90 | 68,70 | 4,50 |
| Candeias | 15,60 | 16,40 | 2,60 | 3,90 | 59,40 | 2,10 |

**Production de déchets *per capita***

Pour connaître la quantité de résidus ménagers produits à Vitória da Conquista par habitant, nous avons considéré la totalité de ces résidus (calculée au moment de la caractérisation physique que nous en avons faite), rapportée à une population de 204.000 habitants (selon l'IBGE brésilien). La valeur obtenue est de 0,560kg/hab/jour.

**Le poids spécifique (la densité) dans divers secteurs**

Le Tableau 4.8 indique la masse (kg) et le poids spécifique (kg/m³) des ordures organiques provenant des quartiers São Vicente, Sumaré et Candeias et du marché de rue du quartier Brasil.

$$kg/m^3 = \frac{\text{poids d'échantillon (kg)}}{\text{volume du récipient (m}^3\text{)}}$$

**Tableau 4.8** - Masse (kg) et poids spécifiques (m³) des ordures organiques des quartiers São Vicente, Sumaré et Candeias et du marché de rue du quartier Brasil, Vitória da Conquista, État de Bahia–Brésil (1997)

| Secteurs | Masse (kg) | Poids spécifique (kg/m³) |
|---|---|---|
| São Vicente/Sumaré | 102,90 | 490,00 |
| Candeias | 112,70 | 536,40 |
| Marché de rue du quartier Brasil | 114,40 | 544,80 |

Volume du récipient = 0,21m³

Le Tableau 4.9 présente le poids spécifique des différentes composantes des ordures de la ville de Vitória da Conquista. Le plastique et le métal employés pour déterminer ce poids spécifique étaient composés d'emballages entiers et écrasés, et le verre se trouvait complètement cassé.

**Tableau 4.9** - Masse (kg) et poids spécifique (m³) des fractions de plastique, de métal et de verre pour les ordures provenant des quartiers de São Vicente et de Sumaré, Vitória da Conquista, État de Bahia-Brésil (1997)

| Fraction | Masse (kg) | Poids spécifique (kg/m³) |
|---|---|---|
| Plastique | 1,40 | 67,50 |
| Métal | 1,70 | 85,00 |
| Verre | 9,10 | 455,00 |

Volume du récipient = 0,002 m³

**Production quotidienne d'ordures dans la ville de Vitória da Conquista**

Nous avons considéré ici comme déchets les résidus provenant des résidences (ordures ménagères), des industries et des commerces, des services de santé, de l'élagage et de la construction civile. Il convient de noter que la quantification des déchets collectés et celle des déchets produits sont distinctes. Pour cette dernière, nous avons pris en compte la provenance des résidus, la fréquence de leur production (ceux du commerce ne sont pas produits le dimanche, par exemple) et le nombre de jours de chacun des mois analysés.

a) Ordures ménagères

Nous avons estimé à 114 tonnes le total des ordures ménagères solides produites quotidiennement dans la ville, ayant pour base les études de caractérisation physique menées dans les 5 quartiers évoqués.

A partir de l'étude quantitative des déchets collectés entre janvier et juillet 1998, il est en effet apparu que la moyenne de la production d'ordures ménagères pour chaque mois correspondait à 114 tonnes par jour, ce qui coïncide avec l'estimation que nous avions faite en novembre 1997 à partir de la caractérisation physique des mêmes ordures ménagères. On notera que, bien que le pesage des déchets collectés ait commencé en octobre 1997, le pesage et son enregistrement n'ont été effectués régulièrement qu'à partir de janvier 1998.

Le Tableau 4.10 présente la quantité d'ordures ramassées durant la période de janvier à juillet 1998, avec l'indication de la production quotidienne moyenne de chaque mois. Pour faire ce calcul, nous avons considéré le nombre de jours que comporte chaque mois et la production effective des différents types de déchets. Les ordures ménagères (OM) et celles des services de santé (RSS) ont été traitées différemment de celles provenant de l'industrie et du commerce (RIC), dans la mesure où, contrairement aux premières, ces dernières ne sont pas produites tous les jours.

**Tableau 4.10** - Distribution de déchets collectés par mois (en tonnes) et production moyenne quotidienne (en tonnes) à Vitória da Conquista, État de Bahia - Brésil (1998)

| Mois | Ordures Ménagères | | RSS[1] | | RI et RC[2] | |
|---|---|---|---|---|---|---|
| | Collecté par mois (tonnes) | Production moyenne par jour (tonnes) | Collectées par mois (tonnes) | Produc. moyenne par jour (tonnes) | Collectées par mois (tonnes) | Produc. Moyenne par jour (tonnes) |
| Janvier | 3.661 | 118 | 33 | 1,0 | 27 | 1,0 |
| Février | 3.292 | 117 | 30 | 1,0 | 24 | 1,0 |
| Mars | 3.216 | 104 | 33 | 1,0 | 23 | 0,8 |
| Avril | 3.521 | 117 | 30 | 1,0 | 2* | - |
| Mai | 3.363 | 108 | 30 | 0,9 | 8 | 0,3 |
| Juin | 3.503 | 117 | 39 | 1,0 | 7 | 0,3 |
| Juillet | 3.670 | 118 | 42 | 1,0 | 12 | 0,4 |
| Moyenne | 3.461 | 114 | 34 | 1,0 | 17** | 0,6** |

\* le camion qui fait la collecte des déchets d'activités de commerce et d'industrie est resté hors service pendant 24 jours (SESEP, 1998)

\*\* pour l'obtention de la moyenne, le mois d'avril n'a pas été considéré.

[1] Résidus des service de santé

[2] Résidus de l'industrie et du commerce.

b) Déchets des services de santé

La production moyenne de RSS (résidus de services de santé) pour la ville est de 1 tonne par jour, si l'on s'en tient à la collecte effectuée par la Mairie et sur la base des mois indiqués dans le Tableau 4.10.

c) Déchets de l'industrie et du commerce (RIC)

Nous ne considérons ici que les déchets industriels ramassés par la Mairie et l'après-collecte de déchets du commerce faite également par la Mairie. Concernant les premiers, celle-ci ne ramasse que ceux situés dans la zone industrielle des *Imborés*, dont la production quotidienne est de 0,6 tonne. On peut voir dans le Tableau 4.10 que, à partir du mois de mai, les quantités collectées de ces déchets accusent une chute significative, que la SESEP explique par la réduction des services d'après - collecte assurés jusque-là par la Mairie.

d) Déchets de construction et de démolition

En nous basant sur des informations recueillies à propos des 28 points de dépôts clandestins de gravats identifiés et des enregistrements de permis de construire, de rénover et de démolir donnés par le Secrétariat des Travaux Publics et de l'Urbanisme, nous avons estimé à 67 tonnes par jour la production de gravats de la ville.

e) Déchets d'élagage

Selon un relevé fait par le Secrétariat Municipal de l'Environnement, (SeMMA) pour la période de novembre 1997 à avril 1998, la collecte quotidienne de résidus de taille a été de 3,0 m³, soit environ 1,5 tonne.

## 4.5 Diagnostic des marchés de rue: halles et marché municipale du quartier Brasil

### Infrastructure physique et sanitaire, et nettoyage: les halles fixes

Les halles sont divisées en 5 secteurs. Le hangar n°1 comporte, outre les commerces de légumes et de biscuits, des buvettes qui servent aussi des repas. Le hangar n°2 est destiné aux fruits et légumes. Dans le hangar n°3 sont vendus des céréales et des produits laitiers. Dans le hangar n°4 se concentrent les bouchers et des buvettes et le hangar n°5 se caractérise par le commerce de gros. Selon les données de la Mairie, les cinq hangars réunissent un total de 824 stands, dont 763 mobiles et 61 fixes.

Du point de vue de l'infrastructure physique et sanitaire, les installations s'avèrent précaires. Les conteneurs servant à emmagasiner les déchets produits par les halles sont sous - dimensionnés et le nettoyage ne répond pas aux exigences du lieu.

**Composition des déchets produits par le marché de rue du quartier Brasil - Marché municipal**

Ce que nous appelons ici «marché de rue du quartier Brasil» comprend le marché municipal et les activités qui se déroulent aux alentours. On y trouve diverses sortes de viandes, des légumes, des céréales, des fruits, des biscuits, des laitages, des articles *d'umbanda* et des vêtements. On y trouve aussi: salon de beauté; marchand de glaces; atelier de couture; kiosque à journaux. Et des restaurants, des bars.

Selon les données de la Mairie, le marché comporte 190 stands mobiles et 87 fermés (fixes), soit un total de 277. Malgré les conditions d'hygiène précaires, certains commerçants ont pris des initiatives positives; ainsi, dans le secteur des céréales, plusieurs maintiennent leur espace relativement propre en assurant eux-mêmes le balayage ou en le faisant faire par des tiers.

Le total des déchets qui ont été pesés est de 1.332,75kg. L'échantillon de 266,55kg a été «quarté» deux fois, ce qui a donné un échantillon final de 116,05kg. Nous estimons l'ensemble des déchets produits par le marché comme étant trois fois supérieur à ceux que nous avons pesés. La Figure 4.2 montre la façon dont a été préparé et pesé l'échantillon.

Le Tableau 4.11, donne la composition des ordures du marché de rue du quartier Brasil en poids et en pourcentage; on voit que la fraction organique représente plus de 93% du total.

**Tableau 4.11** - Composition des déchets du marché de rue du quartier Brasil, Vitória da Conquista, État de Bahia–Brésil (1997)

| Fraction | Masse (kg) | (%) |
|---|---|---|
| Papier/carton | 5,00 | 4,30 |
| Plastique | 1,20 | 1,00 |
| Métal | 0,40 | 0,30 |
| Verre | 0,10 | 0,00 |
| Organique | 108,60 | 93,60 |
| Autres (bois, caoutchouc) | 0,80 | 0,70 |

\* échantillonnage réalisé en août 1997

**Figure 4.2** – Préparation d'échantillonage et pesage des fractions des ordures du marché, Vitória da Conquista, État de Bahia, 1997.

## 4.6 Le potentiel des déchets recyclabes

### Estimation de la production et de la valeur des déchets recyclables

Si l'on en juge simplement par les mouvements de camions chargés de papiers et de cartons à la décharge, et par la présence sur place d'une balance servant à peser les matériaux triés par les chiffonniers, on peut déjà penser que les ordures de la ville de Vitória da Conquista possède un potentiel de recyclage important (Figure 4.3).

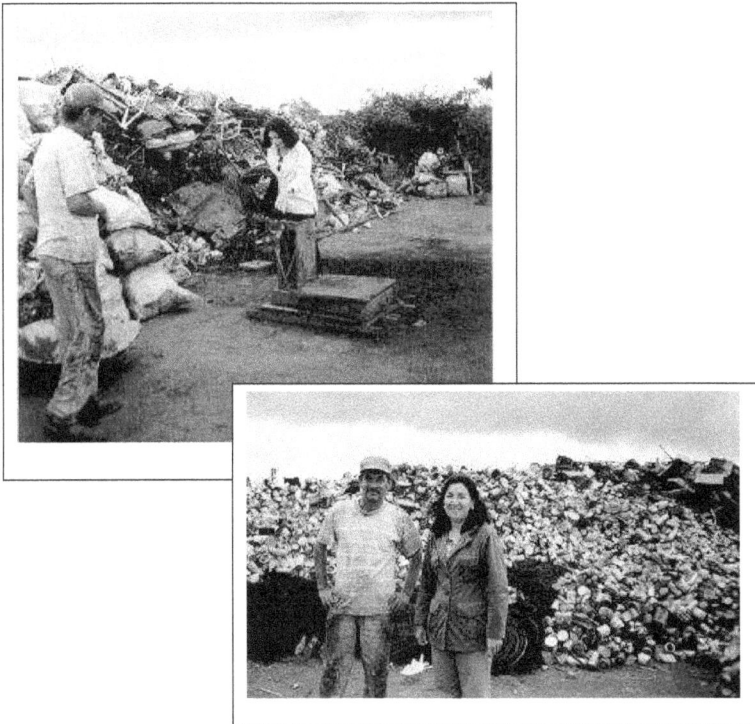

**Figure 4.3** - Les recycables sur la décharge sauvage de Vitória da Conquista, État de Bahia, 1998.

On trouve actuellement sur la décharge de Vitória da Conquista entre 60 à 80 chiffonniers. Si la recette correspondante, que nous avons estimée à 78.522,60 reais (correspondant au total mensuel des fractions sèches, comme cela ressort du Tableau

4.12, était répartie également entre 80 chiffonniers (catadores), chacun d'eux recevrait 981, 53 reais par mois, et 1.308,71 reais s'ils n'étaient que 60 à le partager.

En nous fondant sur les résultats de la caractérisation physique effectuée, nous avons estimé la quantité quotidienne de déchets recyclables contenus dans les ordures ménagères de Vitória da Conquista (Tableau 4.12). La valeur de ces déchets sur le marché des déchets recycables a été estimée à partir d'informations fournies par les chiffonniers de la décharge sauvage de Vitória da Conquista.

**Tableau 4.12** - Distribution des valeurs, en Real et en Dollar de chaque fraction de matériel recyclable, trouvée dans les déchets de Vitória da Conquista, État de Bahia-Brésil (1997)

| Fractions | (%) | Quantité (tonnes/jour) | Valeur (en real) R$ | Valeur (en dollar) US$* |
|---|---|---|---|---|
| Papier /carton | 9,60 | 11,00 | 495,00 | 492,50 |
| Plastique | 6,00 | 15,00 | 2.250,00 | 2.238,60 |
| Métal | 13,20 | 3,30 | 165,50 | 164,70 |
| Verre | 2,40 | 2,70 | 109,60 | 109,00 |
| T fractions/jour | 28,20 | 32,10 | 3.020,10 | 3.004,80 |
| T fractions/mois | | 833,00 | 78.522,60 | 78.124,20 |

* moyenne en 1996 1,0051 R$/US$ (IBGE, 1998)

**Potentiel de valorisation de la fraction organique**

  a) Marché de rue et halles

Environ 110 tonnes de déchets sont ramassées chaque mois dans les marchés de rue et halles de Vitória da Conquista (Tableau 4.13), dont la fraction organique compose plus de 90% (selon la caractérisation physique que nous avons réalisée en août 1997), ce qui signifie que les marchés de la ville possèdent un important potentiel de valorisation de cette fraction. Il nous apparaît donc que la SESEP et le SeMMA devraient mener une étude de caractérisation physique des déchets produits exclusivement par les marchés de rue et les halles.

**Tableau 4.13** - Poids des déchets collectés dans les halles de Vitória da Conquista, État de Bahia – Brésil (1998)

| Mois | Déchets collectés dans les halles(en tonnes) |
|---|---|
| Janvier | 102 |
| Février | 93 |
| Mars | 99 |
| Avril | 145 |
| Moyenne | 110 |

Source: SESEP, rapport des activités, 1998

b) Les résidus d'élagage

Il existe aujourd'hui une demande de la part du SeMMA pour la réutilisation des résidus de taille  produits par la ville dans la reconstitution du sol des monts de Periperi. Le Tableau 4.14 indique le volume (en m³) de ces résidus collectés durant la période de novembre 1997 à avril 1998; les données qu'a relevées le SeMMA recoupent ces chiffres.

**Tableau 4.14** - Volume de résidus de taille collectés à Vitória da Conquista, État de Bahia - Brésil (1997-1998)

| Mois / Année | Résidus de taille collectés (en m³) |
|---|---|
| Novembre/1997 | 29 |
| Décembre/1997 | 45 |
| Janvier/1998 | 86 |
| Février/1998 | 124 |
| Mars/1998 | 96 |
| Avril/1998 | 124 |
| Moyenne | 84 |

Source: SeMMA, rapport de suivi de résidus de tailles, 1998

**4.7 Évaluation d'une expérience ponctuel: collecte complémentaire par âne et charrette (carroceiros)**

La collecte de déchet par âne et charrette a été faite d'abord dans le quartier Pedrinhas, lequel ne comportait pas encore de service régulier de collecte d'ordures. Quatre «carroceiros» parcouraient les rues, collectaient les déchets et les disposaient dans des bennes, en attendant le passage de camion. Lors de l'évaluation que nous avons faite sur le terrain en août 1997, nous avons constaté la propreté des rues et la satisfaction des usagers.

**Optimisation et élargissement de la collecte actuelle**

Après les études de terrain (Figure 4.4) et l'évaluation que nous avons effectuées, nous avons adressé à la SESEP, pour discussion, des suggestions concernant l'optimisation et l'élargissement du projet. Les suggestions ont été les suivantes:

a) à Pedrinhas: accroissement de la charge de travail à 4h, chaque charretier devant desservir au moins 267 résidences, ce qui équivaut à une moyenne de 715 kg des ordures par jour. La collecte devra être effectuée en deux demi-journées, dont la définition dépendra de la nouvelle zone ainsi desservie;

b) extension du projet à des zones encore non desservies, chaque charretier devant se charger d'au moins 400 résidences, c'est-à-dire ramasser une moyenne de 1000 kg d'ordures par jour. Après optimisation de ces paramètres, le projet devra prendre en compte les zones d'accès difficile pour la collecte par camion. Il faut rappeler que le contrôle et le suivi sont fondamentaux pour la réussite du projet.

**Figure 4.4** - Évaluation de l'expérience « collecte complementaire par âne », et équipe de travail sur le terrain, quartier Pedrinhas, Vitória da conquista, État de Bahia, 1998.

**L'amplification de la collecte par âne et charrette**

Le Tableau 4.15 rend compte du nombre des résidences desservies par la collecte complémentaire effectuée par les charretiers, où ce système de ramassage a été mis en place ensuite nos suggestions.

**Tableau 4.15** - Résidences desservies par la collecte complémentaire effectuée par âne et charrette, Vitória da Conquista, État de Bahia - Brésil (1997 - 2001)

|  | Résidences desservies par la collecte | Nombre de résidences par charretier | Nombre de charretiers |
|---|---|---|---|
| 1997 | 737 | 184 | 4 |
| 1998 | 3.645 | 228 | 16 |
| 2001 | 16.402 | 400 | 41 |

**4.8 Les déchets inertes**

**Estimation de la production de déchets inertes**

Nous avons consulté tous les registres rendant compte des permis de construire, de rénover et de démolir datant de la période janvier 1995 – octobre 1997, que l'on trouve au Secrétariat Municipal des Travaux Publics et de l'Urbanisme. Nous avons ensuite vérifié sur le terrain la masse de gravats déversés et les surfaces de travaux correspondant à ces permis. Pour obtenir le coefficient moyen de production de gravats, nous avons pris en compte le poids total des déchets déposés sur les 28 points clandestins identifiés sur place et la surface totale des travaux effectués durant 22 mois en fonction des mêmes permis, le résultat étant de 0,29 t/m².

S'y ajouta le calcul du coefficient moyen de production de débris. La surface totale au sol des 28 points était de 332.500 m², et leur volume total a été estimé à 276.700 m³ (valeurs sujettes à une certaine marge d'erreur). Le Tableau 4.16 indique la surface, le volume et la localisation des 28 points identifiés.

**Tableau 4.16** - Estimation de la distribution des points de dépôt de gravats selon le volume (m³), et la surface (m²)occupée en août, à Vitória da Conquista, État de Bahia–Brésil (1997)

| Points | Surface (m²) | Volume (m³) |
|--------|--------------|-------------|
| 1 | 5.365,90 | 8.048,90 |
| 2 | 2.618,70 | 3.194,80 |
| 3 | 966,00 | 338,10 |
| 4 | 1680,00 | 588,00 |
| 5 | 826,00 | 330,50 |
| 6 | 300,00 | 360,00 |
| 7 | 22.416,00 | 6.724,80 |
| 8 | 2654,30 | 4.246,80 |
| 9 | 355,80 | 188,60 |
| 10 | 400,00 | 148,00 |
| 11 | 190,20 | 68,50 |
| 12 | 841,60 | 462,90 |
| 13 | 324,30 | 269,20 |
| 14 | 133,30 | 106,60 |
| 15 | 158,40 | 72,20 |
| 16 | 310,10 | 933,30 |
| 17 | 136,80 | 43,80 |
| 18 | 1.246,00 | 1.308,30 |
| 19 | non estimé | non estimée |
| 20 | 4.000,00 | 5.200,00 |
| 21 | 405,80 | 284,10 |
| 22 | 282.743,30 | 240.331,80 |
| 23 | 344,00 | 154,80 |
| 24 | 861,90 | 431,00 |
| 25 | 800,00 | 376,00 |
| 26 | 238,30 | 381,30 |
| 27 | 1.361,30 | 1.633,60 |
| 28 | 800,00 | 1.256,00 |
| Total | 332.478,30 | 276.681,80 |

Le Tableau 4.17 présente une estimation du poids de gravats produits à Vitória da Conquista en fonction des échantillons analysés et des relevés effectués. Pour obtenir le poids moyen par jour de gravats, les années 1995 et 1996 ont été prises en compte, et nous avons augmenté de 20% la valeur obtenue (en raison du manque d'informations sur le total des surfaces en m² correspondant aux permis). A travers la méthodologie ici décrite, nous avons pu estimer la quantité approximative de gravats à 70 tonnes/jour.

**Tableau 4.17** - Estimation du poids de gravats selon l'année, la surface (m²) et masse (kg) produits à Vitória da Conquista, État de Bahia - Brésil (1995-1997).

| Année | Surface (m²) | Masse (tonne/an) | Masse (tonne/jour) |
|-------|--------------|------------------|--------------------|
| 1995  | 82.923,70    | 24.047,90        | 66,80              |
| 1996  | 55.852,40    | 16.197,20        | 45,00              |
| 1997  | 1.035.155,70* | 300.195,20      | 1.000,70*          |

\* le permis n° 205/97 a un possible valeur déformée

**Valorisation des déchets inertes**

L'estimation de la production de gravats confirme leur potentiel élevé de recyclage, qui peut prendre diverses formes. Ainsi a été mise en avant la nécessité, pour la ville de Vitória da Conquista, d'avoir un Centre de Recyclage de Gravats. Notre suggestion a d'abord été transmise au Secrétariat des Travaux Publics et de l'Urbanisme (octobre 1997) puis à l'Entreprise Municipale d'Urbanisme (EMURC, mars 1998), en proposant l'élaboration d'études plus détaillées et du projet technique du Centre de Recyclage de Déchets Inertes.

Le Centre de Recyclage de Gravats doit contribuer à l'élimination des points de dépôts clandestins et, en conséquence, à la réduction du processus actuel de dégradation des canalisations de drainage. De plus, ces matériaux pourront être réutilisés dans la construction publique, le pavage des rues, le revêtement des canaux de drainage et la fabrication de briques dans la construction d'habitations populaires.

**4.9 Diagnostic des déchets de services de santé**

**Articulation avec des entités de soins de la commune**

Étant donné la grande importance de l'engagement effectif des secteurs de la santé dans la réalisation du diagnostic des RSS engendrés à Vitória da Conquista, une première réunion a été réalisée en octobre 1997, au siège de l'EMURC, pour discuter des étapes d'un travail devant être effectué en partenariat entre la Mairie et les divers établissements prestataires de soins de la commune.

En novembre 1997, un groupe de travail spécialement désigné à cet effet a élaboré un questionnaire devant être appliqué dans les établissements qui dispensent des services de santé; il a en outre bénéficié de diverses contributions avant sa version finale.

En avril 1998, la recherche a commencé au sein des établissements générateurs de RSS, avec la participation des élèves infirmiers du Collège Boock. Des fonctionnaires du DELU ont ensuite procédé à quelques vérifications.

L'échantillon a englobé 100% des hôpitaux de la commune, 16,6% des laboratoires, 19% des cliniques médicales, 50% des cliniques vétérinaires, 37,5% des cliniques dentaires, 50% des centres de santé et 22,5% des pharmacies. Les résultats ont d'abord été analysés dans leur ensemble, l'analyse plus détaillée à savoir par hôpital, clinique et pharmacie devant intervenir dans un deuxième temps.


### Les résultats du tri des déchets et conditionnement

Selon le questionnaire appliqué près de 64% des établissements prestataires de services de soins affirment trier leurs déchets; 7% non pas répondu et seuls 29% reconnaissent ne pas le faire.

Pour le conditionnement, on constate que les unités de soins utilisent différents types de sacs pour recueillir leurs déchets: bleu (plus de 50%), noir (19%) et blanc (17%), comme on peut le voir dans le Tableau 4.18.

Quant aux déchets infectieux, perforants ou coupants, seuls 8 % des services de santé conditionnent les déchets considérés comme infectieux dans des sacs blancs portant une mention à cet effet, alors que 21% utilisent des sacs bleus (Tableau 4.18).

La recherche révèle en outre que 47% des unités de santé conditionnent les déchets perforants ou coupants dans des récipients rigides, que 12% utilisent des sacs bleus et 4% des sacs blancs (Tableau 4.18).

**Tableau 4.18** - Distribution en poucentage de type de conditionnement utilisé, pour les déchets d'activité de soins, dans les services de santé de Vitória da Conquista, État de Bahia, Brésil, 1998

| Déchet | Type de conditionnement utilisé | | | | | | | | |
|---|---|---|---|---|---|---|---|---|---|
| | récip. rigide | sac bleu | sac noir | sac blanc | sac blanc avec mention | sac laiteux | divers | mélangé avec déchets ordinaire | n'ont pas répondu |
| Ordinaire | | 52 | 19 | 17 | | | 10 | | 2 |
| Infectieux-contagieux | | 21 | 13 | | 8 | 8 | 16 | 5 | 29 |
| Perfuro/coupant | 47 | 12 | 6 | 4 | | | | | 31 |

En ce qui concerne les équipements de protection individuelle (EPI) et le transport interne des déchets, 43% des établissements de soins étudiés affirment que leurs employés utilisent des EPI, 13% disent ne pas en utiliser et 41% n'ont pas répondu, et 3% ont donné d'autre réponse.

Pour le transport interne des RSS, seule 8% des services de santé disposent de chariots fermés. Pendant la recherche de terrain, on a observé que certains chariots, même parmi ceux qui étaient fermés, présentaient des caractéristiques inadéquates au transport de ces déchets (par exemple des déchirures).

En ce qui concerne le local à ordures, 16% des établissements prestataires de soins de santé étudiés emmagasinent leurs déchets dans un local spécial à ordures: *casa do lixo*. Quant à la désinfection de local à ordures, 9% des établissements en question affirment l'effectuer quotidiennement, 3% de façon hebdomadaire et 1% une fois par mois et 87% n'ont pas répondu.

Il importe de mentionner que, bien que le local à ordures de l'un d'eux soit apparu rigoureusement conforme aux normes techniques concernant la désinfection lors de la première visite de terrain, il se trouvait dans un état lamentable quand il a fallu, par hasard, y retourner pour relever certaines données complémentaires.

Les différents types de déchets produits dans les établissements prestataires de services de santé de Vitória da Conquista se répartissent comme suit au Tableau 4.19.

**Tableau 4.19** - Valeurs relatives exprimées en pourcentage de type de déchets d'activités de soins, produits dans les services de Santé de Vitória da Conquista, État de Bahia - Brésil (1998)

| Répartition* des déchets produits dans les établissements prestataires de services de santé de Vitoria da Conquista | |
|---|---|
| Classe C - déchets ordinaires | 41% |
| Classe A4 - perforants ou coupants | 28% |
| Classe A6 - soins malade | 18% |
| Classe A3 - chirurgicaux, anatomopathologie, exsudats | 4% |
| Classe A2 - sang et dérivés | 4% |
| Classe A5 - animaux contaminés | 0% |
| Classe B2 - résidus pharmaceutiques | 2% |
| Classe B1 - rejets radioactifs | 3% |

\* classification selon l'ABNT brésilienne.

On note que les déchets de la classe C (déchets ordinaires) sont présents dans 41% de l'ensemble des établissements, les déchets de classe A, type 4, dans 28%. Soulignons que les déchets qui se rangent dans la classe C, c'est-à-dire ordinaires, sont considérés en tant que déchets à risque lorsqu'ils ne sont pas conditionnés et emmagasinés séparément.

## 4.10 Modèle recommandé à Vitória da Conquista

Le Plan de Gestion Intégrée des Résidus Urbains de Vitória da Conquista devra envisager des procédures différenciées pour les opérations de manutention, de collecte, de conditionnement, de transport, de traitement, d'enfouissement des déchets qui présentent un risque potentiel pour la santé publique ou l'environnement en raison de la présence d'agents biologiques et de substances chimiques dangereux.

Les unités productrices de résidus urbains industriels situées dans le Centre Industriel d'Imborés et dans le périmètre urbain de Vitória da Conquista doivent établir des programmes de gestion visant à rechercher des solutions en partenariat susceptibles de maximiser, le recyclage ou de réduire de la dangerosité de ces déchets.

Le modèle de gestion de résidus urbains socialement intégrée proposé à Vitória da Conquista, c'est un modèle d'actions et solutions, il incorpore en priorité les aspects sociaux, culturels, environnementaux et économiques.

Des actions de court et moyen termes en ce sens devront être entreprises par les pouvoirs municipaux visant la réduction, le recyclage et/ou la valorisation des déchets. Les directives suivantes ont été présentées à la mairie, à l'horizont de 2004:

1. Valorisation de la fraction organique des ordures, sélectionnées naturellement à la source, provenant des marchés du rue, des supermarché et des résidus de taille, soit la réduction de 10% sur les ordures ménagères;

2. Réduction de 60% de déchets d'activités de soins - a partir de l'application de PGRSS municipal (Plan de gestion de résidus de services de santé);

3. Réduction de 19% de matériau recyclable contenu dans les ordures ménagères - par le moyen des programmes de collecte séléctive du commerce et des institutions publiques, sources les plus importantes de carton et papiers;

4. Réduction de 70% débris - a partir de la valorisation de déchets de construction civil.

### Les programmes stratégiques

A Vitória da Conquista, la valorisation des déchets recyclables est actuellement effectuée par des chiffonniers, c'est-à-dire des hommes, des femmes et des enfants qui survivent grâce aux ordures en travaillant dans un milieu insalubre et sans aucune protection . Dans le but d'optimiser et d'humaniser ce travail, il a été demandé aux Secrétariats de l'Action Sociale et de l'Expansion économique de réaliser une étude du profil de ces chiffonniers de la décharge sauvage, et à la SESEP d'organiser une banque de données sur le marché des déchets recyclables de la région, afin de faciliter leur commercialisation et d'éviter des intermédiaires.

### Le Centre de Tri de Vitória da Conquista

La Mairie a signé un accord avec le gouvernement de l'État de Bahia à travers le Secrétariat de la Planification, des Sciences et des Technologies, avec la participation de la Compagnie de Développement de la Région Métropolitaine de Salvador (CONDER) pour la construction de l'enfouissement technique municipal.

En raison de la nécessité d'une solution sociale pour retirer les chiffonniers de la décharge, nous suggérons que soit construit un centre de tri qui, en absorbant la main-d'œuvre représentée par cette frange marginalisée de la société, lui donnerait des conditions de travail dignes.

Le centre de tri devra avoir une localisation distincte de celle du futur enfouissement technique et fonctionner comme récepteur des déchets issus des programmes prévus de collecte sélective. Il ne recevra que les fractions sèches (papier, carton, métal, verre et plastique) des déchets urbains, triées au départ et bénéficiant d'un débouché local. Les rejets du centre devront être pesés, conditionnés et acheminés quotidiennement vers l'enfouissement.

Les installations du centre de tri devront inclure des toilettes avec douche, un réfectoire (avec un local pour réchauffer les repas des trieurs), des armoires fermant à clé (comme celles des écoles et des bibliothèques), une salle de réunion et un bureau. Pour les enfants, un programme école replacera ses activités sur la décharge. Au départ, la capacité du centre sera d'environ 15 tonnes de déchets recyclables par jour. Cependant, le projet technique - à placer sous la responsabilité du Secrétariat Municipal des Travaux Publics et de l'Urbanisme - devra prévoir des compartiments et des aires de stockage pouvant contenir ensemble jusqu'à 35 tonnes.

## Collecte sélective des déchets du commerce et des organismes publics

Au vu de la grande quantité de carton produite par les commerçants de la ville de Vitória da Conquista et de papier par les des organismes publics, un programme de collecte sélective s'adressant à ces deux segments est prévu. Le matériau , après avoir été trié à la source et collecté séparément, sera acheminé au centre de tri où les chiffonniers réaliseront un tri complémentaire avant qu'il ne soit pressé, mis en balles, stocké puis enfin vendu.

L'UESB (Université du Sud-Ouest de l'État de Bahia) ayant été elle-aussi identifiée comme grosse productrice de papier, nous suggérons que, avec le Secrétariat des Travaux Publics et de l'Urbanisme, le Secrétariat de l'Expansion économique et la SeMMA, elle participe de manière effective à des actions d'éducation environnementale s'adressant aux organismes publics et aux commerçants, afin de garantir la réussite de la mise en place et du bon fonctionnement de la collecte sélective.

### Programme et postes de dépôt volontaire (PEV's)

Il convient de prévoir la mise en place d'un Programme de Dépôt Volontaire et, par le biais de campagnes d'éducation environnementale, de stimuler la participation de la communauté de Vitória da Conquista. Grâce à des points stratégiques répartis à travers la ville, les services de la Mairie collecteront les produits recyclable, les acheminer jusqu'au centre de tri.

La réussite du programme sera conditionnée par le caractère systématique et continu des campagnes de communication environnementale qui vont être menées ainsi que par l'engagement formel des divers secteurs de la société locale.

**Projet pilote de collecte sélective sur un quartier**

Nous avons insisté auprès des administratifs et des techniciens de la Mairie responsables de la coordination du nettoyage urbain pour dire qu'il n'était pas approprié d'implanter un programme de collecte sélective en porte-à-porte dans l'ensemble des quartiers avant d'évaluer la viabilité d'un tel programme. Nous avons du reste attiré leur attention sur le fait que beaucoup de programmes de collecte sélective mis en place dans le pays n'ont pas duré, ne serait - ce qu'une année, perdant ainsi tout crédit aux yeux de la population. Pour cette raison, nous proposons la mise en œuvre d'un projet pilote à Vitória da Conquista.

Ce projet pilote devra être implanté à titre expérimental dans un quartier de la ville, et systématiquement contrôlé et évalué. En fonction des résultats obtenus et de sa viabilité opérationnelle, sociale et économique, il pourra ou non être étendu à d'autres quartiers.

En nous fondant sur des études que nous avons réalisées au cours de la recherche de terrain, nous suggérons le choix du quartier de Candeias, qui compte 12.428 habitants. Parmi les quartiers étudiés, c'est celui qui présente la plus forte proportion de déchets recyclables (fractions sèches), soit 38,5%. Au vu de sa production quotidienne d'ordures (8 tonnes), on peut affirmer que sa capacité de production de déchets recyclables est de 3 tonnes/jour.

On trouve dans le quartier de Candeias 7 établissements scolaires publics et 1 semi-privé. Ils devront servir d'agents de regroupement et de diffusion des campagnes d'éducation environnementale durant la mise en œuvre du projet-pilote de collecte sélective. Ces établissements (écoles, collèges et lycées) sont les suivants: Centro de Treinamento e Reciclagem Régis Pacheco-FAMEC, Colégio Estadual Adélia Teixeira, Colégio Estadual Abdias Menezes, Escola de 1° Grau Dirlene Mendonça, Escola Mario Batista et Instituto São Tarcísio (semi-privé). Dans ce quartier, on ne trouve pas d'établissement scolaire relevant du réseau public communal.

**Valorisation de la fraction organique**

La technique la plus connue de valorisation des déchets organiques est le compostage. Toutefois, sa réussite, implique nécessairement que le tri de la fraction organique s'opère au départ, afin d'éviter tout risque de contamination par les métaux lourds durant le traitement.

L'unité de compostage envisagée pour la ville de Vitória da Conquista recevra jusqu'à 10 tonnes par jour de déchets organiques provenant de marchés de rue et de la taille des arbres. Le tri se fera à la source et le traitement sera de type biologique aérobie. Le compost ainsi produit devrait servir à la restauration du sol des forêts de la Serra de Periperi. Ce choix repose sur la proximité des zones dégradées et sur le fait que l'implantation de l'unité à cet endroit n'entraînera pas d'impact négatif. Il s'agit d'une ancienne carrière de sable et de pierres.

Cette unité de compostage constituera une expérience pilote dans la région et sera utilisée comme instrument d'éducation sanitaire et environnementale pour la communauté. Le projet prévoit en outre des salles pour des activités diverses d'éducation, la réception de visites regroupant jusqu'à 50 personnes; s'y ajoutera un potager réservé aux fonctionnaires de l'unité et, par la suite, un projet paysagiste visant à embellir l'unité.

Du point de vue de la Santé de la population, le compostage implique par ailleurs la réduction des vecteurs de maladies associés aux ordures et la garantie d'enfouissement correct de 10t/jour de déchets organiques.

**Valorisation des déchets provenant de la construction civile: les gravats**

Nous proposons d'organiser la valorisation et la réutilisation des matériaux issus de travaux de construction, de rénovation et de démolition par leur sélection et leur transformation dans un centre de recyclage de gravats. Il s'agit de matériaux à faire valeur, réutilisables dans des travaux de construction publique ou privée.

La collecte, le transport et l'enfouissement des gravats doivent être disciplinés par le biais de la loi. Les charretiers, les camions à benne et les entreprises devront respecter le règlement de manière à contribuer à réduire le nombre de points de dépôt clandestins. Le projet technique du centre de recyclage de gravats devra indiquer des lieux spécifiques de dépôt à travers la ville.

**Propositions avancées par les représents des secteurs de la santé de la commune**

Durant le Séminaire Municipal sur les RSS (résidus de service de santé) qui s'est tenu en juin 1998 , s'est formé un groupe de travail réunissant des représentants des différents services de soins de la ville, ainsi que des pouvoirs publics, pour discuter et élaborer des propositions à propos de la gestion des RSS de Vitória da Conquista.

A partir de ce groupe de travail s'est constitué un Comité de RSS, qui a ensuite acheminé les propositions de directives, afin qu'elles soient incorporées au Plan d'Assainissement Environnemental. Ces propositions sont:

1. Acquérir des conteneurs et entraîner les équipes de ménage des unités de soins, à la manipulation des déchets et à la réalisation de la collecte, ceci à travers un processus de mobilisation et de sensibilisation des employés, des techniciens et des cadres de ces services;

2. Sensibiliser et entraîner ces unités à l'application des normes relatives aux RSS; l'obtention de permis de rénovation des installations dépendra du respect des normes de la part de ces unités.

3. Identifier et conditionner correctement les déchets dans les unités, mettre en place un transport spécifique adéquat pour la collecte et aménager un fosse aseptisée pour enterrer les déchets contaminants (en un lieu distinct de celui des déchets ménagers);

4. Élaborer (sous la responsabilité conjointe du service de Surveillance Sanitaire Municipale et du SESEP/DELU), un circuit de collecte comprenant un plan permettant de situer tous les établissements de soins (hôpitaux, cliniques médicales, dentaires et vétérinaires, laboratoires, centres de santé et cabinets

médicaux); quand la collecte ne pourra pas être effectuée, les établissements devront en être prévenus;

5. Contrôler l'application des directives concernant la commune en ce qui concerne la réception et l'enfouissement des RSS en zone rurale, où les décharges devront être installées dans des endroits spécifiques; les mêmes directives devront être respectées pour les cadavres d'animaux;

6. Impliquer les Commissions de Contrôle des Infections Hospitalières de ces unités dans les questions liées aux déchets;

7. Inclure l'étude des RSS dans les cursus techniques et universitaires touchant le domaine de la santé;

8. Évaluer l'adéquation des EPI utilisés dans la manipulation des RSS;

9. Discuter de la question des RSS au sein du Conseil Municipal de la Santé et diffuser le contenu des délibérations à tous les services de santé, en cherchant à les impliquer davantage;

10. Prévoir obligatoirement un local - d'accès facile, rapide et sûr pour la collecte - permettant de regrouper les déchets et obéissant aux normes de l'Organisation Mondiale de la Santé, ceci dans tous les hôpitaux et bâtiments où fonctionnent exclusivement des services de soins;

11. Élaborer une brochure visant à guider les services de santé dans le maniement des déchets;

12. Établir un contrôle conjoint de la manipulation des déchets par les divers organismes publics concernés et les représentants des établissements de soins.


Il incombera aux établissements de Vitória da Conquista producteurs de déchets issus des activités de soins de:

a) Gérer leurs déchets depuis le départ de leur production jusqu'à leur enfouissement de façon à répondre aux exigences environnementales et de santé publique;

b) Élaborer et mettre en œuvre un programme de gestion des RSS adapté aux conditions et caractéristiques des établissements, qui devront être soumis à l'approbation des organismes publics chargés de l'environnement et de la santé, en fonction de leurs compétences respectives;

c) Trier, conditionner et identifier les déchets conformément aux dispositions de la législation traitant spécifiquement de ces questions;

d) Stocker de façon intermédiaire et temporaire les déchets triés, conditionnés et identifiés dans des conditions sanitaires et environnementales adéquates.

Le transport des déchets dangereux de services de santé, devra s'effectuer obligatoirement au moyen de véhicules spéciaux conçus de manière à empêcher les fuites et les débordements.

La mise en place de systèmes fixes ou mobiles de traitement et/ou d'enfouissement des déchets de santé doivent être soumis également à une autorisation environnementale délivrée par les organes compétents. Elle doit aussi obéir aux propositions du Comité des RSS de la commune de Vitória da Conquista.

**L'insertion sociale**

Dans le cadre de la politique municipale liée aux déchets urbains, la priorité devra être donnée à l'insertion sociale des chiffonniers de l'actuelle décharge, ainsi que des travailleurs des services de nettoyage.

**La valorisation des agents de nettoyage**

Le programme de valorisation vise à encourage l'auto-estime chez les employés du nettoyage public. Dans la recherche réalisée auprès de ces fonctionnaires, nous avons relevé chez eux un grand intérêt pour divers domaines de la connaissance. Nous suggérons à cet égard que, à travers un partenariat entre les Secrétariats de l'Action Sociale, de l'Expansion Économique et de la Santé Publique, et les Services des Travaux Publics et de l'Éducation, soient mis en place des programmes:

I. d'alphabétisation;

II. d'offre de cours: peinture, musique, arts plastiques entre autres;

III. d'actions de santé préventives (programme étendu à la famille de l'agent de nettoyage);

IV. d'activités sociales et culturelles.

### La valorisation des chiffonniers de la décharge

Afin de définir des programmes concernant les écoles pour les enfants et l'habitat pour les adultes, il convient d'entreprendre une étude visant à déterminer le profil des chiffonniers. Le futur centre de tri de Vitória da Conquista devra accueillir ces derniers et leur donner des conditions de travail dignes.

### Programme d'éducation environnementale

Parmi les divers outils d'éducation environnementale (Figure 4.5) devant soutenir le plan de gestion des déchets urbains de Vitória da Conquista, il convient de mettre en avant les programmes visant à atteindre et développer la conscience critique des individus. Ces programmes sont: Éducation avec le citoyen; ordures: réutilisation et mise en valeur artistique; Collecte sélective et dépôt volontaire; éducation environnementale dans les écoles; éducation environnementale sur les marchés; collecte sélective pour les commerces et les organismes publics; Communication environnementale; Unité de compostage. L'élaboration de chaque programme doit tenir compte de la population cible, les buts et les parteneriat proposé.

Divers agents seront responsables de la mise en application des programmes, dont principalement l'UESB, le Centre Culturel, le Rotary Club des Boutiquiers, la Bibliothèque Municipale et les Secrétariats Municipaux de l'Environnement, de l'Expansion économique, de l'Action Sociale, de l'Éducation et de la Communication. L'articulation de ces entités  incombera au Département du Nettoyage Urbain - le DELU.

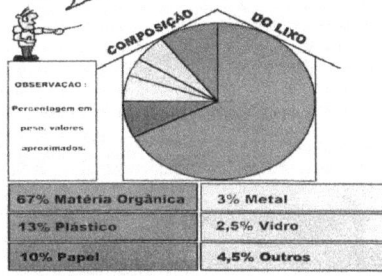

**Figure 4.5** - Brochure élaborée pour la sensibilisation de la communauté de Vitória da Conquista, État de Bahia - Brésil (Nunesmaia et al, 1998).

**Programme d'éducation environnementale dans les écoles**

Chaque école, collège et lycée devra former un Comité d'Éducation Environnementale comprenant des enseignants et des élèves. Celui-ci devra relever les problèmes d'environnement touchant l'établissement et ses alentours, et partant de là, élaborer un Plan d'action qui prenne en compte leurs causes éventuelles, leurs conséquences et les solutions à apporter aux problèmes spécifiques.

Afin de sensibiliser la communauté scolaire, il convient de stimuler la confection de matériels didactiques (brochures, cahiers de poésie, jouets) à partir de matériaux recyclables. Les ateliers de recyclage de papier, de compostage artisanal, de jardinage, d'utilisation artistique de déchets, de théâtre, de danse et de musique sont autant d'outils importants d'éducation environnementale à utiliser dans les plans d'action scolaire.

## 4.11 Réduction de grandes sources génératrices de déchets

Nous avons travaillé avec l'identité de grandes sources génératrices de déchets dans l'écosystème urbain, responsable, en grand partie, des impacts sur l'environnement et sur la santé humaine. Mais, nous avons considéré que, si au Brésil on trouve encore beaucoup de problèmes attachés aux décharges sauvages, dans la majorité des communes, malgré cela, ce pays présente un profil toutefois singulier concernant les innovations sociales. Cela que caractérise la mise en place d'une gestion de déchets socialement intégrée.

Le développement alternatif de filières de traitement et valorisation des déchets est conçu donc, a partir des grandes sources génératrices de déchets, par exemple: de la fraction organique provenant des marchés du rue, supermarchés, déchets de taille; le débris, gravats, provenant surtout de la construction civil; les fractions sèches provenant de commerces et organes publiques. La mise en place d'un plan de gestion de résidus de services de santé (RSS), permettra la réduction d'environ 50% de déchets générés dans les services de santé, par la valorisation de la fraction organique provenant du restaurant (hôpitaux) et des fractions sèches (emballages, déchets administratifs).

# CHAPITRE 5
## L'ÉTUDE DES MODÈLES DE GESTION DE RÉSIDUS URBAINS DES MÉTROPOLES AU BRÉSIL

**5.1 Le modèle de gestion de déchets de la métropoles Curitiba, État de Paraná – Brésil**

**Caractéristique physique et démographique**

Curitiba est la capitale de l'État de Paraná (Figure 5.1); sa population est de 1.476.253 habitants (IBGE, 1996). La ville est située au bord du fleuve Iguaçu. Coordonnées: 25° 25' 48'' de latitude Sud et 49° 16' 15'' de longitude W. À son origine la ville reçue un nombre assez important d'immigrés européens: les Allemandes depuis 1833, les Italiens depuis 1871, ensuite des Ukrainiens et des Polonais, parmi d'autres; Elle est connue mondialement par ses solutions urbaines innovatrices.

**Figure 5.1** - Localisation de la ville de Curitiba, État de Paraná - Brésil.

### Historique du programme du gestion

Le responsable de l'élaboration et de l'implantation du projet collecte sélective de Curitiba, des *déchets qui n'en sont* pas (*lixo que não é lixo*) l'Ingénieur Sanitaire Luis Bertussi nous a donné une première vision de l'expériérience de Curitiba. En 1986, la ville avait déjà une collecte des ordures ménagères qui fonctionnait très bien; le problème était la destination finale donnée aux déchets urbains, qui était inadéquate.

La ville avait de sérieux problèmes de propreté urbaine à la fin de décennie 1960 et au début des années 70, parce que, d'après Bertussi, la collecte était effectuée par les services publics; à partir du moment où le service a été privatisé, il a gagné sur d'autres aspects (le service a été privatisé voici plus de 20 ans). Le concept de Curitiba Ville Propre (Cidade Limpa), est dû au sérieux que les administrations ont toujours donné à la propreté de la ville. La propreté urbaine est classée par la population au 2$^{\text{ème}}$ rang pour les services (le 1$^{\text{er}}$ est représenté par les services de transport urbain) de la municipalité.

En 1986, avec la création du Secrétariat à l' Environnement, est initiée une politique de protection de l' environnement, y compris une politique des déchets solides (qui était inexistante). La politique des déchets solides a alors été tracée avec l'implantation de l'enfouissement technique de Caximba (Figure 5.2), il a fallu 2 à 3 ans pour que soit choisie la zone de l' enfouissement, celui-ci ayant été mis en oeuvre le 19 Novembre 1989.

**Figure 5.2** - Enfouissement technique de Caximba, Curitita, État de Paraná-Brésil (photo: Mairie de Curitiba).

En 1989, Jaime Lerner est devenu Maire de Curitita et a décidé d'implanter la collecte sélective dans la ville. Bertussi dit que, sur le principe, lui-même (en tant que technicien) était contre l'idée; le Maire a simplement appelé les techniciens et dit qu'il allait faire la collecte sélective dans la ville, et ne savait pas comment ... que les techniciens de l'entreprise (à l'époque la LIPATER) et de la Mairie devaient résoudre le problème et qu'il désirait couvrir toute la ville; les techniciens ont tenté d'argumenter qu'il fallait opérer d'abord sur une partie de la ville; le maire a répondu je ne fais pas comme ça, ou je le fais pour tout le monde ou je ne le fais pour personne; il a gagné; la position du maire était claire, et c'est lui qui commandait. Bertussi dit que la collecte sélective a déjà commencé avec la volonté politique de la faire. Le programme de Curitita a ainsi été imposé par le désir du Maire.

Bertussi a alors été appelé à faire le projet de collecte sélective de la ville de Curitiba; je n'avais jamais travaillé sur la collecte sélective, dit-il. Les écoles ont été le lieu d'un premier test avant l'implantation dans toute la ville.

Le Secrétariat à l'éducation de la municipalité lançait les programmes dans les écoles au moyen de systèmes de concours et similaires; les enfants apportaient les déchets de chez eux à l'école. Ensuite ont émergé différentes lois municipales; obligatoire la collecte sélective dans les écoles, deux ans plus tard (1991), dans presque tout le Brésil.

Après les écoles, la ville est passée à une autre étape, que Bertussi considère comme ayant assez compliquée; ayant interféré avec la popularité du maire, cet épisode ne sera pas mis en lumière: la collecte des déchets produits dans environ 300 établissements commerciaux (sélectionnés au préalable). La maire a dû géré un conflit grave opposant les *catadores* (chiffonniers) à la mairie. Parce qu'en réalité, ceux qui faisaient la collecte sélective dans ces établissements étaient les chiffonniers. Les *catadores* ont accusé le Maire de leur ôter leur gagne-pain... Pour contourner la difficulté, il a pris la décision d'implanter immédiatement la collecte sélective dans toute la ville.

Et le programme *déchets qui n'en sont pas* (la collecte sélective) pour toute la ville a commencé : «au début j'ai pensé que 12 camions suffiraient pour couvrir toute la ville; mais, dès les premiers mois, j'ai vu que nous avions besoin de plus de camions, et je suis arrivé à 21 camions fonctionnant jusqu'à maintenant» (1997).

Le Programme de Collecte Sélective de Curitiba *déchets qui n'en sont pas* a été implanté en octobre 1989 (le même mois et la même année, Dunkerque a implanté son programme), d'abord dans les écoles, les enfants apportant de chez eux, pour l'essentiel, les matières récupérables. En première étape, l'accent a été mis sur le public scolarité, en incluant dans le cursus scolaire l'approche de thèmes environnementaux. Le langage de marketing a été développé avec le symbole du programme *Família Folhas*; le gouvernement a engagé Ziraldo (dessinateur très connu au plan national) pour le créer; passage à la télévision d'un film d'animation avec la *Família Folhas*; véhiculé par les radios et la télévision; distribution à la population de fiches informatives sur l'horaire de la collecte sélective.

### La communication/éducation environnementale

Toutes sortes de moyens ont été utilisés; toutefois, la campagne a duré exactement 30 jours. Selon Bertussi, le grand défaut du programme, au cours des six dernières années, est qu'il n'y a pas eu de véritable intérêt pour développement d'une politique d'éducation environnementale, comme ce fut le cas lors du lancement du progranme. Il y a eu des insertions occasionnelles de nouvelles campagnes de sensibilisation de la population dans les années suivant l'implantation du programme. En raison de cette déficience, il y a eu une croissance de la participation de la population au programme durant les 2 premières années, puis une stabilisation dans les années suivantes. La politique d'éducation environnementale dans les écoles du réseau municipal (120 à Curitiba) et dans les crèches continue, mais les politiques de EA sont véhiculées indépendamment de la propreté urbaine. Les écoles du réseau privé sont peu touchées et au niveau de la population, apparaît un grand manque.

Lorsque nous étions à Curitiba pour le travail sur le terrain, le sentiment que nous avions était celui d'une timidité de l'organisme de propreté publique face à l'éducation environnementale, comme si elle était en dehors des événements. D'autre part, une action forte des secrétariats à l'Environnement tant d'État que municipal, y compris l'Université Libre (Universidade Livre) de Curitiba, dans les questions environnementales de manière générale.

### La collecte des ordures ménagères

La production est d'environ 700 tonnes/jour. La collecte est effectuée en jours alternés, et la collecte des *déchets qui n'en sont pas* a lieu à des jours différents. Seulement la fraction organique représente 66% de la composition des ordures ménagères de Curitiba. Pour la collecte des *déchets qui n'en sont pas*, les camions de la collecte sélective ont le même trajet que ceux de la collecte régulière; toutefois, le camion de la collecte sélective, en passant dans les rues, prévient de son passage par une sonnerie.

### Achat des ordures/échange vert - communautés pauvres

La Mairie de Curitiba a effectué un diagnostic dans les zones désurbanisées et difficiles d'accès, comme les pentes des collines, fonds de vallées, (favelas), aux rues étroites, empêchant le passage des véhicules de collecte, faute d'une infrastructure routière. Elle a constaté qu'il existait des quantités d'ordures déposées à ciel ouvert, une incidence élevée de maladies véhiculées par les mouches, rats et autres vecteurs, dans la population infantile; et l'assainissement de base était inexistant. L'administration municipale, pour résoudre le problème social, a mis en oeuvre le projet *Achat des ordures*, touchant les couches les moins favorisées de la population (Figure 5.3).

**Figure 5.3** - Programme Achat des Ordures dans les communautés moins favorisées, Curitiba, État de Paraná-Brésil (photo: Mairie de Curitiba).

La philosophie du programme est d'acheter aux habitants de ces zones les déchets qu'ils produisent à la condition qu'ils les déposent en un lieu défini au préalable, dans un conteneur fixe. La collecte est prévue en jours alternés, trois fois par semaine.

Pour le fonctionnement du programme, une équipe d'éducation à l'environnement de la mairie se rend d'abord auprès de la communauté, avec l'objectif de l'organiser par la création d'une association de résidents; puis une convention est signée entre la Communauté et la Mairie.

L'Association devient responsable de la distribution de sacs plastiques (la mairie livre les sacs à l' association), du contrôle du nombre de sacs déposés par famille et du paiement des ordures à la population. En 1991, dans le but d'aider les agriculteurs de la région métropolitaine de Curitiba et littoral, dans l'écoulement de la récolte, la Mairie les a incorporés dans un programme nommé auparavant *achat des ordures,* devenu achat des ordures/échange vert.

Pour chaque sac-poubelle, d'environ 7,5 kg, la famille reçoit un sachet avec des produits maraîchers de saison, un sachet simple contenant oeufs, pommes, bananes, choux, etc.

Pour 37,5 kg (5 sacs-poubelles), la famille reçoit un sachet composé comportant miel, pommes de terre, riz, haricots, carottes, oignons, ail, confiserie ... Ce programme est intégré par services municipaux de l' environnement, ainsi que de l'assainissement, par la Fédération de l'État de Paraná des Associations des producteurs ruraux - FEPAR et par la Fondation d'Association Sociale-FAS. En 1996, le programme *Achat des ordures/échange vert* couvrait 53 conmunautés, correspondant à 31.000 familles à bas revenu.

**Déchets *qui n'en sont pas* et le Programme d'échange vert**

L'échange vert a été mis en oeuvre après l'implantation de la collecte sélective, avec les déchets ménagers, pour la population la plus carencée. Pendant les périodes de Noel et Pâques, l'échange se fait contre du chocolat et des jouets. Il y a quatre possibilités d'échange d'ordures contre des aliments, rien qu'à la périphérie de Curitiba existent 41 points d'échange volontaire de recyclables, son champ d'action touche 40.000 personnes. Pour 4 kg de recyclables, 2 kg d'alimentation sont reçus. Dans les écoles du réseau public, le programme fonctionne aussi; dans ce cas, pour le matériel recyclable apporté par les enfants, l'échange est consommé dans l'école-même en complément de la cantine scolaire.

Bertussi (1996) souligne que l'idée principale est de faire que les enfants s'impliquent dans la pratique de la séparation des ordures et, ainsi, enrichissent la cantine scolaire. Ce programme touche à peu près 35.000 enfants dans 120 écoles du réseau municipal.

Outre la modalité *Achat d'ordures/Échange vert* déjà citée, il existe l'échange vert solidarité, qui englobe des entités d'assistance et philanthropiques. Le versant social caractérise l'échange vert, en aidant à l'approvisionnement alimentaire de la population carencée, et en générant même des bénéfices pour les petits agriculteurs (les produits maraîchers distribués sont ceux de la FEPAR).

**Centre de Tri**

A Curitiba, une partie des recyclables collectés par la Mairie va sur des dépôts particuliers ou au Centre de tri (Usina de Reciclagem Frei); la FAS (Fondation d'Assistance Sociale) a été désignée comme gestionnaire et été chargée de la commercialisation; elle reverse les fonds aux oeuvres sociales. Ces ressources sont transmises au Programme du Volontariat du Paraná de Curitiba, qui reverse ces sommes aux programmes d'aide à l'enfance et à l'adolescence (Secours Municipal à l'Enfance).

Le Centre dispose d'une cour couverte pour le stockage des matériaux recyclables, d'un cône d'alimentation et d'un tapis roulant de tri, d'un tapis roulant de séparation du verre, de presses pour le papier, le plastique et les métaux. Tous les ouvriers ont la même fonction, qui est le tri de tous les types de déchets. La répartition du personnel du CT est la suivante: un responsable, 40 trieurs (dont 18 femmes).

La productivité est évaluée conjointement par le service de propreté et la FAS. Dans une analyse de la productivité effectuée de février à mai 1995 par la LIPATER, on a constaté que le meilleur résultat, enregistré aux mois d'avril et mai, a été imputable à de l'échange de main-oeuvre masculine contre de la main-d'oeuvre féminine sur le tapis roulant de tri. En 1995, le rebut représentait 48,70% et le programme *déchets qui n'en sont pas* représentait 3,90% de réduction en masse du total des déchets ménagers destinés à l'enfouissement technique de Caximba.

### Collecte mensuelle des déchets ménagers dangereux

Le service de collecte de déchets toxiques recueille seulement les déchets générés dans les habitations (auprès des ménagères). Lancé en septembre 1998, le programme avait collecté jusqu'en avril 6,9 tonnes de piles, restes de peinture et solvants, emballages d'insecticides, lampes fluorescentes et médicaments périmés.

La collecte est faite du lundi au samedi, par un camion semblable à celui utilisé dans le programme *Déchets qui n' en sont pas*, dans 23 terminus de bus de Curitiba, dont Centenario, Capão Raso, Carmo, Sítio Cercado, Fazendinha et Boqueirão. Un jour par mois, le camion reste au teminus, de 7 à 15 heures, pour recueillir les déchets apportés par la population. Après la collecte, les déchets dangereux ménagers sont acheminés au Centre de Traitement des Déchets Industriels (CTRI), dans la Ville Industrielle de Curitiba.

**Le Traitement**

D'après les informations divulguées par la Mairie de Curitiba, le matériel toxique le plus couramment apporté par la population lors de la collecte a été la peinture. Des 6,9 tonnes recueillies, 37,50% étaient de la peinture. En second lieu viennent les médicaments périmés, avec 955 kg collectés, ce qui correspond à 21% du total. Les matières chimiques sont «encapsulées» (elles sont mélangées à une masse de ciment, sable et eau, formant une capsule), pour éviter qu'il y ait un écoulement de liquides, contaminant le sol et l'eau.

**La collecte de déchets verts**

Alors qu'aucune administration de la municipalité de Curitiba n'a eu la volonté politique de faire du compostage, la collecte est effectuée séparément, et représente 1.300 tonnes par mois.

**Déchets d'activités de soins**

La collecte est différenciée depuis 1988; en 1996, elle couvrait environ 300 établissements de services de santé incluant hôpitaux, cliniques, pharmacies (seulement les grandes). Jusqu'à 1985, la collecte des RSS était effectuée avec celle des déchets ménagers, la destination finale étant la décharge sauvage de *Lamenha Pequena*. En 1986 a été créée la Commission Spéciale des Déchets Hospitaliers (composée de divers secrétariats et grands hôpitaux), par l'intermédiaire de la Loi Municipale 6866/86, dont la finalité est de discipliner la collecte des déchets des activités de soins, ainsi que d'établir des normes de bio-sécurité pour le conditionnement, le stockage et la présentation des déchets à la collecte.

En 1988, la destination finale des déchets d'activités de soins fut une décharge contrôlée, installée dans la Ville Industrielle de Curitiba, dans une zone de 40.000 m², agrandie ensuite pour être portée à jusqu'à 54.000 m².

**Incinérateurs: objet de polémique**

En 1994 est élaborée la proposition d'acquisition de dix équipements pour l'incinération des déchets d'activité des soins, pour un montant estimé à 2,5 millions de dollars, par l'intermédiaire du PROSAN (programme d'assainissement). Ont été acquis également, cette même année, 2 camions mobile incinérateurs, sans que la direction technique de la propreté urbaine ait été consultée.

Bertussi émet diverses réserves et à Curitiba, les ingénieurs du secteur appelaient ces camions mobiles incinérateurs ALO PIZZA; la technologie était japonaise. Ayant posé des questions sur l'efficacité de l'équipement, on m'a répondu que l'achat du ALO PIZZA a été une question politique; il s'agit d'un incinérateur conventionnel à double chambre, sans aucun dispositif de contrôle de la pollution atmosphérique, ni laveur, ni filtre, ni précipitant. Les deux camions traitent à peine 300kg par jour, alors que la production journalière de déchets d'activités de soins est de 17tonne/jour. La municipalité continuait à envoyer 99,9% des RSS à enfouissement.

Chaque camion coûtait à l'époque 300.000 dollars; le coût pour la Mairie de Curitiba, sans compter les coûts de capital (avance opérationnelle) était de 1.691 dollars la tonne et si on ajoute les coûts du capital, parce qu'ils aussi appartiennent à la municipalité, «le coût passe à 4.974,6 dollars la tonne, c'est absurde!». L'équipement ne brûle biensûr pas le verre et la question de la pollution atmosphérique n'est pas bien expliquée.

Si d'un côté nous voyons l'indignation de l'Ingénieur ex-responsable de la collecte sélective de Curitiba, de l'autre, le secrétaire municipal à l' environnenment Sérgio Tocchio, dans une entrevue donnée à *l'Agenda Nouvelles* de la Mairie, affirme que *l'usage d'incinérateurs dans les formes adoptées à Curitiba est absolument sûr et est en conformité avec la législation brésilienne; le système des incinérateurs mobiles a été consacré par l'usage et ne présente pas de risques de contamination.*

La mairie a acquis 6 ALO PIZZA supplémentaires et nous avons constaté que Bertussi n'a pas exagéré au moins en ce qui concerne la capacité de traitement:

d'après des données officielles, la mairie possède maintenant 6 camions qui traitent seulement 1,5 tonne par jour (moins de 300 kg par camion).

### Une analyse du programmes et des résultats

Dix ans après la mise en oeuvre du programme *déchets qui n' en sont pas,* on constate, d'après les données disponibles sur la collecte de recyclable au travers de la collecte sélective, que la ville de Curitiba a le meilleur score dans les données relevées par le CEMPRE (Tableau 5.1). Ce fait est très intéressant, car des trois programmes de collecte sélective brésiliens analysés ici, nous avons vu que le programme de Curitiba n'a pas eu au départ une planification méthodologique; il n' a pas été promu par des justifications d'ordre technique, ni d'ordre social. La mise en oeuvre de ce programme est due purement et simplement à l'intérêt du maire de l'époque à faire son marketing, et cela a marché.

**Tableau 5.1** - Distribution de la quantité (en tonnes) de déchets originaires de la collecte sélective dans les métropoles de Curitiba, Belo Horizonte et Porto Alegre (Brésil,1999)

| Villes | Tonnes/ mois * | Tonnes/ mois** | US$/ tonnes |
|---|---|---|---|
| Curitiba | 2.300 | 1. 800 | 59,40 |
| Belo Horizonte | 400 | 630 | 187,00 |
| Porto Alegre | 1.130 | 1800 | 43,20 |

**Source**: *CEMPRE,1999 ; **Service de propreté des villes, 1999-2001

L'exemple de Curitiba est la démonstration de ce qui peut être fait quand on a les moyens financiers, la volonté politique et le sens du marketing, en se passant d'une réflexion sur la meilleure gestion des déchets pour la ville.

Même si elle jouit de la renommée internationale du programme *déchets qui n'en sont pas*, il nous semble que le mérite de Curitiba n'est pas la collecte sélective (porte-à-porte) en soi, mais plutôt les programmes sociaux (même s' ils ont une connotation d'assistance) qui se sont faits à l'occasion, au fur et à mesure, et de manière concomitante à l'implantation de la collecte sélective, et qui ont été définis en fonction des difficultés dans la propreté des zones périphériques.

## 5.2 Le modèle de gestion de la métropole Belo Horizonte, État de Minas Gerais - Brésil

### Caractéristique physique et démographique

Belo Horizonte est la capitale de l'État de Minas Gerais (Figure 5.4); sa population est de 2.091.448 (IBGE, 1996). La ville est situé au Nord la « serra do Curral», elle a une topographie accidentée et est coupé pour le fleuve Arrudas, affluent du fleuve «rio das Velhas». Coordonnées: 19°55' de latitude Sud, 43°56° de longitude W. La commune est situé dans une région riche en minerai de fer, plusieurs gisements sont exploités. Belo Horizonte a été la première capitale du pays complètement Planifiée (1897) .

**Figure 5.4** - La ville de Belo Horizonte, État de Minas Gerais-Brésil.

### Historique du programme de gestion

Pendant notre travail sur le terrain (en 1997) à Belo Horizonte, nous avons rencontré plusieurs employés de la SLU (Surintendance de Propreté Urbaine), y compris des éboueurs; le secteur de propreté urbaine de Belo Horizonte nous a paru bien structuré et dynamique. Nous avons visité le Centre de Tri (Galpão) de la rue Curitiba (Centre), l'enfouissement et l'unité de compostage situés sur la BR-040 au km 351, ainsi que la station de recyclage de gravats du quartier Estoril.

En 1993, la Municipalité de Belo Horizonte (capitale de l'État de Minas Gerais), par l'intermédiaire de la SLU (Surintendance de Propreté urbaine), a adopté un modèle de gestion qui, d'après l'Ingénieur João Mello, a été différent de tout ce qui existait au Brésil à l'époque, parce qu'il impliquait la population dans l'action sur les problèmes de propreté urbaine; le modèle donnait la priorité à la valorisation et à la qualification du travailleur, ainsi qu'à la participation sociale.

Selon la SLU (1996), la gestion des déchets de Belo Horizonte a été conçue comme un support à trois pieds: a) consistance technologique; b) valorisation et qualification du travailleur; c) citoyenneté et participation sociale. Le service de collecte de la municipalité est privatisé à 50% (avec 2 entreprises); et 50% restant à la SLU; le balayage est privatisé à 70% et la tonte à 100%.

La SLU, responsable de la propreté urbaine de Belo Horizonte, a mis en oeuvre un modèle de décentralisation administrative (Tableau 5.2), découpant la ville en 10 divisions de propreté publique; chacune couvre 2 secteurs. Ces secteurs sont eux-mêmes sous-divisés en plusieurs districts, selon la nature des différents services et la densité de population (Nahas Juniro et alii, 1995).

**Tableau 5.2** - Exposé détaillé par an de la main d'oeuvre responsable de la propreté de la ville de Belo Horizonte, État de Minas Gerais-Brésil (1997)

| Discrimination | 1993 | 1994 | 1995 | 1996 |
|---|---|---|---|---|
| **SLU** | | | | |
| Opérationnel | 1.887 | 1.828 | 1.680 | 1.751 |
| Administratif | 523 | 517 | 708 | 697 |
| **La Prestataire de services.** | | | | |
| Consultaion (Bureau de consultants) | 9 | 4 | 7 | 32 |
| **Coopération** | 3 | 4 | 6 | 4 |
| **Gouvernement de l'État** | | | | |
| Stagiaires | 97 | 153 | 175 | 167 |
| Opérationnel | 2.477 | 3.281 | 2.826 | 2.258 |
| Total | 4.996 | 5.787 | 5.402 | 4.909 |

**Source:** Rapport d'activités, SLU - 1996. SLU : Belo Horizonte, 1997, p.7

Un employé du secteur nous a précisé que la SLU détient une partie du service, car c'est un moyen pour définir les paramètres de réalisation et de suivi des plans, et pour définir des indicateurs de coûts (Tableau 5.3) et de productivité; selon son opinion, il n'est pas souhaitable que le secteur public se retire complètement du domaine de l'exploitation. La participation de la SLU dans les services offerts est présentée au Tableau 5.4 où sont détaillées 4 années de gestion (1993 à 1996).

**Tableau 5.3** - Coût moyen unitaire (en Real et en Dollar), par type de collecte (la tonne) de Belo Horizonte, État de Minas Gerais-Brésil (1996).

| Type de collecte (la tonne) | Coût moyen unitaire (R$ Real) | Coût moyen unitaire (dollar) |
|---|---|---|
| Ménagères et commerciale | 37,62 | 20,20 |
| Ménagères en quartier pauvre | 51,65 | 27,80 |
| Ménagères par benne (camion) | 31,67 | 17,00 |
| Résidus d'activités de soin | | |
| Hôpital | 41,93 | 22,50 |
| Poste de santé | 523,24 | 281,30 |
| Sélective verre | 123,82 | 66,60 |
| Sélective marché de rue | 132,77 | 71,40 |
| Destination finale | | |
| Enfouissement de résidus (t) | 5,35 | 2,90 |

**Source:** Rapport d'activités SLU-1996. SLU: Belo Horiizonte, 1997.

**Tableau 5.4** - Exposé détaillé par an, de la participation de la municipalité de la ville de Belo Horizonte, État de Minas Gerais-Brésil (SLU) dans l'exécution. des services (1993-1996)

| Type de service | Participation dans l' exécution des services (%) | | | | | | | |
|---|---|---|---|---|---|---|---|---|
| | 1993 | | 1994 | | 1995 | | 1996 | |
| | SLU | PS | SLU | PS | SLU | PS | SLU | PS |
| Collecte ménagère et commerciale | 74 | 26 | 50 | 50 | 46 | 54 | 54 | 46 |
| Collecte en quartier pauvre | - | - | - | - | - | - | 27 | 73 |
| Collecte par benne (camion) | 51 | 49 | 59 | 41 | 62 | 38 | 52 | 48 |
| Collecte des services de santé | 100 | - | 100 | - | 100 | - | 100 | - |
| Collecte séletive de verre | - | - | 100 | - | 100 | - | 100 | - |
| Collecte sélective de marché de rue | - | - | - | - | 100 | - | 100 | - |
| Tonte | 1 | 99 | 1 | 99 | - | 100 | - | 100 |
| Nettoyage mécanique | - | 100 | - | 100 | - | 100 | - | 100 |
| Balayage | 45 | 55 | 42 | 58 | 40 | 60 | 39 | 61 |
| Lavage | 100 | - | 100 | - | 100 | - | 100 | - |
| Enfouissement de résidus | 100 | - | 100 | - | 100 | - | 100 | - |
| Compostage artisanal | - | - | - | - | 100 | - | 100 | - |
| Recyclage de résidus de la construc. civil | - | - | - | - | 100 | - | 100 | - |

**Source:** Rapport d' activités SLU -1996. SLU: Belo Horizonte, 1997. p.8
PS: Prestataire de services
SLU: Surintendance de Propreté Urbain.

## Programme de management différencié des déchets

Les ordures ménagères et commerciales produites à Belo Horizonte sont composées de 65% de matière organique, 27% de matières recyclables (papier, verre, métal, plastique et déchets provenant du bâtiment) et 8% de rebut, qui sont des déchets non recyclables, comprenant aussi ceux provenant des unités de santé de la ville (SLU, 2000). La collecte des ordures est faite par des véhicules différenciés, prenant en considération le type de déchet et leur lieu d'origine. Chaque déchet, y compris les recyclables, va à des unités de traitement différentes.

### Traitement das déchets

a) Centre de traitement des déchets solides de la BR-040

Pour les déchets non recyclables, les déchets en provenance des unités de santé et les ordures collectées leur du balayage et celles collectés par les services polyvalents, la destination est le Centre de traitement des déchets Solides de la BR-040. La SLU a adopté la technologie d'Enfouissement associée à la « bio-remédiation»; le Centre de traitement des déchets Solides de la BR-040 occupe une superficie 132 hectares.

b) Centre de traitement des déchets solides de Capitão Eduardo

En 1996, a été élaboré le projet d'implantation du Complexe Capitão (ainsi appelé à l'époque), justifié par le souci d'accroître la durée de vie utile de l' enfouissement de la BR-040 et de réduire les coûts du transport de déchets; le Centre a été prévu pour recevoir 40% des déchets solides générés à Belo Horizonte (Tableau 5.5).

**Tableau 5.5** - Exposé détaillé (en tonne) de résidus collectés par jour et par an à Belo Horizonte, État de Minas Gerais – Brésil (1993-1996)

| Type de résidus | Tonne moyenne collecté par jour (1993/1996) | | | |
|---|---|---|---|---|
| | 1993 | 1994 | 1995 | 1996 |
| Collecte ménagère et commerciale | 762 | 817 | 974 | 1.081 |
| Collecte ménagère en quartier pauvre | - | - | - | 53 |
| Collecte unités de santé | 17 | 19 | 23 | 25 |
| Collecte selective marché de rue | - | - | 1 | 2 |
| Collecte selective verre | - | - | 2 | 3 |
| Collecte résidus publics | 718 | 1.026 | 721 | 658 |
| Résidus de particulière | 44 | 32 | 50 | 70 |
| Résidus construction civil | 1200 | 1200 | 1.411 | 2.000 |
| Résidus Centre de Recyclage Estoril et Pampulha | - | - | - | 72 |
| | | | | 39* |
| Moyenne collecte résidus/jour | 2798 | 3152 | 3.260 | 4.092 |

**Source:** Raport d´activités : SLU, 1996
(*) Centre de recyclage de débris Pampulha – débit de l´opération, décembre 1996.
Obs. Moyenne par jour (365 jour/année)

c) Le gravats/débris

Les déchets provenant du bâtiment représentent 40% du total des déchets produits quotidiennement à Belo Horizonte, soit à 1.500 tonnes. La SLU les traite dans deux Stations de Recyclage Pampulha (1997) et Estoril (1995), qui recyclent environ 25%

des gravats collectés, soit ensemble 350 tonnes par jour (Figure 5.5).

**Figure 5.5** - Central de recyclage de gravats, quartier Pampulha. Belo Horizonte, État de Minas Gerais, 1997

Outre les stations de recyclage, la SLU conserve deux unités de réception de petits volumes. Dans ces lieux, les camionneurs et la population en général peuvent apporter légalement jusqu'à 2m³ (environ dix tambours de 200 litres de gravier, terre, branchages et autres: matelas, electroménager, mobilier, etc.). Les deux stations de la SLU reçoivent en moyenne 5.000 tonne/mois de gravier, réduisant le nombre d'engorgements de bouches d'égout et galeries pluviales, et économisant à la SLU des frais de collecte, transport et destination de ce matériau. On peut souligner que le coût du dépôt dans ces lieux est nul pour la municipalité ou le producteur/transporteur.

d) Déchets organiques

Lors de notre visite à l'unité de compostage, nous avons appris que la municipalité avait précédemment une usine de compostage, devenue obsolète au fil des années, et la qualité du compost était médiocre. Le programme de compostage donne priorité à la collecte différenciée de déchets organiques, à partir des grandes sources génératrices (supermarchés, déballages et marchés, les déchets verts).

Les déchets organiques, produits d'élagage, de tonte, déballages, marché, supermarchés et restaurants, sont collectés séparément par la SLU, et acheminés à l'unité de compostage (située à Central), ou ils sont traités et transformés en compost organique. Le compost est utilisé dans les jardins scolaires et communautaires, parcs et places de la ville.

En 1997, ils recevaient 10tonne/jour de déchets organiques; la technique utilisée, semblable à celle développé par l'UEFS depuis 1993, est le compostage simplifié, qui consiste à mélanger ces déchets avec de l'élagage trituré et retourné par tracteur dans une cour ouverte.

d)  Déchets des services de santé

La collecte des déchets provenance des services de santé, hôpitaux, cliniques, pharmacies, laboratoires, et les animaux morts, est effectuée séparément. Ces déchets sont enfouis immédiatement, dans des fosses spéciales sur le site l'enfouissement de la BR-040.

f) Les recyclables

Les matières recyclables (papier, métal, verre et plastique) vont aux Centres de tri *(Galpões)*. Là, ils sont triés et ensuite commercialisés.

**Chiffonniers et collecte sélective: le mariage réussi à Belo Horizonte**

Depuis 50 ans, il y avait déjà à Belo Horizonte des ramasseurs de papier et carton, comme dans la majorité des grandes villes brésiliennes; dans des conditions de sécurité et d'hygiène médiocres, et sans structure organisée, ils faisaient le tri et la commercialisation. En 1993, la nouvelle présidence de la SLU a opté pour une politique allant dans le sens de la professionnalisation de l'activité des chiffonniers, au moyen d'un appui logistique et financier. Une enquête a été effectuée auprès de 511 chiffonniers dans la zone centrale, près de l'Avenue Contorno (qui compterait environ 2.000 chiffonniers). En 1993, Belo Horizonte n'avait déjà plus de chiffonniers sur l'enfouissement de la municipalité.

a) Les chiffonniers étaient confondus avec les trafiquants et les mendiants

Avant 1993, la relation entre les chiffonniers et les pouvoirs publics était chaotique, et les chiffonniers étaient simplement confondus avec les sans-abri et les chômeurs; il n'y avait pas de distinction entre ramasseurs de papier, mendiants et trafiquants.

De 18 heures à 24 heures, du lundi au vendredi, ils s' occupaient du papier, puis dormaient donc dans les rues. Dans la recherche effectuée par la SLU, il a cependant été constaté que tous les ramasseurs de la zone centrale avaient un domicile fixe.

b) La reconnaissance des *catadores* de papier comme professionnels de la propreté urbaine

Un sociologue de l'équipe de mobilisation sociale de la SLU résume succinctement l'idée de la reconnaissance des *catadores* de papier en tant que professionnels de la propreté urbaine, et pourquoi le projet a réussi: «ils ont uni la faim à la volonté de manger». Ayant pour objectif l'élimination de 50 points critiques de tri sur les chaussées, places, angles de rues de la zone centrale de la ville, et alors que après le tri, le rebut restait sur place, un travail de partenariat avec l'Association des *catadores* de papier a été effectué.

Trois Centres de Tri (Galpões) ont été implantés. Ils ont permis des améliorations des conditions de travail, et, plus encore, ils ont rendu possible la reconnaissance des *catadores* comme professionnels de la propreté urbaine. En 1997, il y avait 220 *catadores* associés.

c) Les Centre de Tri (Galpões) et l'ASMARE

L'Association n'a pas été une idée des pouvoirs publics, signale l'assistante sociale du SLU. Pendant la décennie 1980, la Pastorale de Rue et Caritas ont commencé un travail auprès des *catadores* (chiffonniers) de rue. En 1990 est fondée l'ASMARE et, en 1993, pendant la gestion du Parti des Travailleurs (PT), une convention est conclue avec les pouvoirs publics municipaux. Le 1$^{er}$ Centre de Tri (Galpão) des *catadores* (chiffonniers) est une revendication des *catadores* (chiffonniers), assistés par les entités citées précédemment.

d) Un partenariat d' abord tendu

Le partenariat entre les pouvoirs publics et la société civile a été créé; il est aujourd'hui consolidé, représenté par Amitras Diocesano (Archidiocèse de Belo Horizonte), Caritas, le Secrétariat du Développement Social et la SLU. Initialement, le partenariat a été assez tendu, parce qu'il y avait de nombreux objectifs communs, mais certains d'entre eux étaient différents en fonction de spécificité de chaque institution; par exemple: le temps politique et le temps pédagogique. A partir du constat de cette situation a émergé la meilleure proposition.

Actuellement, le partenariat est programme, est exemplaire, voire «radieux». Le Centre de Tri (Galpão) de l'ASMARE est géré par les *catadores* (chiffonniers), avec une infrastructure apportée par la mairie. Le chiffonnier est considéré comme un travailleur autonome de la Propreté Urbaine, ayant droit à un uniforme, des bons de transport, des possibilités d'orientations variées, une alphabétisation, un chariot standardisé, etc.

Il est expressément interdit de dormir dans les Centre de Tri (Galpão); à minuit, le *catador* (chiffonnier) laisse son matériel et son chariot dans le Centre de Tri et rentre chez lui. Au début, ce changement a été traumatisant, car ils étaient habitués à rester 24 heures dans la rue; aujourd'hui ils reconnaissent que c'est mieux ainsi; ils se sont bien adaptés à leur condition nouvelle.

e) La production

Dans le Centre de Tri (Galpão), une équipe d'éducateurs sociaux est présente; elle comporte 14 personnes: éducateurs y compris stagiaires; s'y ajoutent un administrateur d'entreprise et un auxiliaire d'administration, en raison de la croissance de l'activité.

Chaque *catador* (chiffonnier) reçoit de 1,5 à 2,5 SMIC, selon l'état du marché des recyclables. Une norme de production par *catador* (chiffonnier) a être établie: initialement, elle était de 150 kg de recyclables par mois. La norme actuelle de 100 kg/jour par *catador* (chiffonnier); ils ont commencé avec 50kg par jour.

Le Centre de Tri (Galpão) que nous avons visité est celui de l'ASMARE; en 1997, sa production était de 310 tonnes par mois. Quand nous avons interrogé le responsable du contrôle de la production sur les refus de tri, celui-ci a répondu qu'il n'y en avait pas. Il estimait de plus que le refus représentait une perte de temps.

Toutefois, à son avis, les matériaux provenant de la *collecte sélective «point par point» comportait davantage refus* que celui sélectionné par les chiffonniers, à la source. En fonction des voyages effectués par les camions pour acheminer le refus à l'enfouissement, la quantité a été estimée à environ 100 tonne/mois (32%).

f) Collecte sélective Apport Volontaire

La Collecte sélective *point par point* et non porte-à-porte, a été une option de Belo Horizonte, pour trois raisons: a) le porte-à-porte étai très onéreux; b) l'échec de l'expérience pilote de la municipalité précédente dans un quartier de la ville; c) les *catadores* (chiffonniers) faisaient déjà la collecte des recyclables dans les centres de la ville depuis 50 ans.

Les chiffonniers sont reconnus comme professionnels de la collecte sélective. Dans divers points de la ville sont placés des containers destinés à recevoir des matériaux recyclables, suivant un programme d'apports volontaires. Ensuite, les matériaux recyclables sont commercialisés par l'Association des Catadores de Papier et par la santa Casa de Misericórdia.

g) La mobilisation sociale: communication et éducation à l'environnement

L'équipe de mobilisation sociale compte 68 personnes, des techniciens et des stagiaires (niveau supérieur et moyen). Après notre séjour à Belo Horizonte, nous avions le sentiment d'avoir rencontré une équipe créative, engagé, alerte et bien structurée. Ses membres opèrent dans des lieux de passage importants: écoles, églises, centres commerciaux, événements divers, et au sein de la SLU (5.000 employés en activité).

D' après Marco Tulio, sociologue faisant partie de l'équipe de mobilisation sociale, il y a des activité tous les jours; ils n' arrêtent que le mardi pour se réunir. Ceci assure un retour: ils sont cités 3,5 fois par jour dans les médias (télé, radio, journaux), sans payer.

h) La communication interne

Diverses actions pour encourager l'implication des travailleurs dans les activités de l'organisme sont développées par l'intermédiaire du programme communication interne. Quelques instruments sont utilisés pour la mobilisation sociale.

Le programme de communication interne réalise diverses actions pour promouvoir l'implication des ouvriers dans les activités pendant les formations, sont débattus des thèmes liés à la santé, l'éducation sexuelle, les relations interpersonnelles, l'alimentation alternative, les lois sociales et du travail, l'alcoolisme, l'entretien des logements, l'importance et l'usage correct des équipements de sécurité et protection.

i) L' équipe pop corn (pipoca)

L'équipe est formée de 10 mobilisateurs et 10 personnels de théâtre, ils divisent le travail, mais, une fois par mois, la *POP CORN* se rend dans divers lieux en même temps, pour des d'actions dans les lieux de passage importants, y compris les terminus de bus, touchant alors 2.000 à 2.500 personnes.

j) SLU hors services

Dans ce scénario les services de collecte et balayage sont paralysés pour montrer à la population la quantité de déchets produite et jetée au hasard sur le sol. Pour cette campagne éducative, des représentations théâtrales sont effectuées au milieu de la rue, avec distribution de matériel didactique.

## Code de comportement: contrôle - action éducative

Belo Horizonte a été la première ville du pays à prévoir une amende pour ceux qui jettent des déchets par la fenêtre de leur voiture. Nous avons posé la question de l'applicabilité des lois et codes relatifs à l'usager. Deux modalités d'avertissement sont utilisées: en juillet 1997, 560 avertissements verbaux et 489 actions *éclair* du contrôleur ont eu lieu, sans qu'il y ait de réclamation. Si un automobiliste jette un déchet par la fenêtre (un emballage par exemple), le contrôleur note le numéro d'immatriculation de la voiture et envoie une lettre éducative à la personne (l'adresse est fournie par l'organisme responsable du contrôle de la circulation) . Il peut aussi infliger une amende.

> *«Une psychologue* a *été verbalisée et elle* a payé *une amende* en *fournissant un service* à *la communauté, dans la gestion précédente* (1993 à 1996) » .

La philosophie est avant tout éducative et, quand l'action éducative ne réussit pas, l'action est répressive.

## 5.3    Le modèle de gestion de la métropole Porto Alegre, État du Rio Grande do Sul - Brésil

### Caractéristiques physique et démographique

Porto Alegre est la capitale de l'État du Rio Grande do Sul (Figure 5.6); sa de 1.300.000 habitants (IBGE, 1996); sur l'ensemble de la région métropolitaine du Grand Porto Alegre, la population dépasse 3 millions d'habitants. La ville est située au bord du fleuve Guiaba, et, de par sa position géographique privilégiée, est considérée comme la capitale brésilienne du Mercosul. Plus de 25 ethnies se concentrent dans la capitale, générant diverses manifestations culturelles.

**Figure 5.6** - Localisation de Porto Alegre, État de Rio Grande do Sul.

### Historique du programme de gestion

Le DMLU (Département Municipal de Propreté Urbaine) est un organisme autonome rattaché directement au cabinet du Maire, responsable des services relevant de la propreté de la ville: collecte des déchets ménagers, collecte des déchets spéciaux non dangereux, y compris le traitement et la destination finale.

Environ 3.500 employés travaillent dans le DMLU et plusieurs services sont privatisés. Le budget de l'organe de propreté correspond à 22 millions de dollars, soit 10% du budget municipal. Ses actions sont également articulées avec le forum de l'Environnement et de l' Assainissement (structure informelle municipale), qui réunit les secrétaires municipaux des domaines de l'Environnement, Assinissement, Santé, Logement, Planification et Relations avec la Communauté.


**Le modèle de gestion de résidus urbains**


Le Directeur du DMLU, Darci Campani, indique que, depuis le début de la gestion du Parti des Travailleurs - PT, les principes de hiérarchie 3R et de la Gestion Intégrée ont été retenus. Il faut *collecter séparément chaque déchet* en vue de sa meilleure récupération. Les documents du DMLU mentionnent effectivement qu'à partir de 1989, de *nouveaux concepts* ont été introduits *dans l*e *modèle* de *gestion,* en *adoptant l*e *Système* de *Gestion* et *Traitement Intégré* des *Déchets.*


**La collecte des ordures ménagères**


La production quotidienne de déchets municipaux est d'environ 1.500 tonne, 900 tonnes étant des déchets ménagers. Son coût ressort à 42reais/tonne ($22, 60/tonne). La collecte ménagère et sélective couvre 100% du territoire urbain. Les habitants et les établissements commerciaux ont l'obligation de séparer les déchets secs (emballages) des déchets organiques à leur source, sous peine d'amendes (Code de Propreté Urbaine, loi complémentaire n° 234 de 1990, art.12 pag. III). La collecte ménagère est quotidienne dans la zone centrale et les zones adjacentes et en jours alternés dans les autres quartiers. Elle est confiée à des prestataires privés.

L'ensemble des tâches confiées à des prestataires privés représente 31 millions de Reals sur un budget total de 60 millions de Reals, (1 Real = environ 3,5 Francs Français).

### La collecte sélective

Après l'expérience de collecte sélective dans une petite communauté appelée Juliano Moreira, l'implantation de la collecte sélective a démarré dans le quartier Bomfim (le 7 juillet 1990), avec l'appui d'organisations environnementales et communautaires, le quartier étant connu pour avoir une population fortement écologiste. Dans cette étape de nombreux instruments d'éducation/communication environementale ont été utilisés: théâtre de rue, activités culturelles variées, distribution de dépliants.

Avec le succès de la collecte sélective dans le quartier Bomfim a commencé à apparaître une pression exercée par des groupes d'habitants pour une mise en oeuvre de la collecte sélective dans les quartiers Menino Deus, Cidade Baixa, Santana et Rio Branco. L'histoire de la collecte sélective à Porto Alegre a été tardive, a suivi son chemin, quartier après quartier, à jusqu'à couvrir 100% de la ville.

### La Collecte Sélective Informelle par les *catadores*

Ils sont d'environ 1.500. Un *catador* interrogé dans le centre-ville a déclaré faire 4 voyages par jour et gagner 500 Reals/mois (U$268,80/mois), soit 4 à 5 fois le SMIC. Dans le centre-ville, ils ne sont autorisés à collecter qu'à partir de 18 heures. L'acheminement par charrette (à bras ou à traction animale) du produit de leur collecte complique la circulation automobile. L'écrémage du gisement qu'ils opèrent porte sur environ 125 tonnes/mois, réduisant la productivité des collectes sélectives.

**Les chiffonniers**

Pour la réhabilitation de la décharge sauvage de la Zone Nord, diverses actions ont été développées simultanément, parmi lesquelles l'organisation du travail des chiffonniers. Il en ressort qu'il existait deux noyaux de travailleurs, des chiffonniers de la Zone Nord et la coopérative des recycleurs de Ilha Grande dos Marinheiros, cette dernière associée à un travail de communauté de base.

La première unité de «recyclage», à savoir le Centre de Tri de Ilha Grande dos Marinheiros, a été construit avec des ressources du DMLU. Les Centre de Tri sont couverts, construit en maçonnerie ou en bois, à partir de projets développés par des techniciens du DMLU. Entre 1991 et 1996, 8 Associations ont été créées, chacune gérant un édifice avec équipements, appelé Unité de Recyclage.

Le produit de la collecte sélective est trié par 8 Associations de Recycleurs, qui commercialisent le recyclable, gèrent plus de 300 emplois rémunérés (plus de 2 fois le salaire minimum). Ces associations sont juridiquement constituées, ont donc des statuts, des règlements intérieurs et une autonomie administrative. Le (Tableau 5.6) présente quelques informations sur chaque Centre de Tri.

**Les matieres inertes et les déchets verts municipaux**

Les déchets de bâtiment sont acheminés à l'enfouissement des matières inertes ou sont utilisés pour remblayer des zones d'intérêt social ou d'autre zones ayant besoin d'être surélevées. Il y a deux sites municipaux d'enfouissement de matières inertes: Région Sud - enfouissement de inertes Serraria II; Région Nord-Est - enfouissenent de matières inertes João Paris. Les déchets verts municipaux sont acheminés au même endroit que les matières inertes, et le bois est commercialisé. Il n'y a pas de collecte organisée pour les déchets verts des particuliers.

**Tableau 5.6** – Exposé détaillé des Centres de Tri, par année d'installation, la production mensuelle, le SMIC par trieur et la surface de Centre de Tri de la ville de Porto Alegre. État du Rio Grande do Sul-Brésol, 1999.

| Centre de Tri | Année | Administration (l'Association de) | Nombre de trieurs | Production mensuelle (kg/mois) | Budget mensuelle (SMIC/trieur) | m² |
|---|---|---|---|---|---|---|
| 1-N.Sra. Aparecida (Ilha dos Marinheiros) | 1989 | Catadores de mate-riais de POA | 33 | 145.288 (11%) | 1-2 | 845 |
| 2-Recicladores do Aterro da Zona Norte | 1991 | Recicladores do Aterro da Zona Norte | 54 | 185.242 (22%) | 1-2 | 400 |
| 3-Santíssima Trindade | 1991 | Catadores de Materiais Recicláveis | 15 | 31.369 (2%) | 1 | 240 |
| 4-Restinga | 1992 | Trabalhadores para Ação Ecológica - AMUNTUAÇÂO | 30 | 179.959 (13%) | 1-2 | 600 |
| 5-Ruben Berta | 1996 | Ecológica Ruben Berta | 45 | 170.053 (12%) | 1-2 | 600 |
| 6-Campo da Tuca | 1996 | Moradores do Campo da Tuca | 15 | 34.671 (2,5%) | 1 | 360 |
| 7-Grande Mato Sampaio «Vila Pinto ou Centro de Educação Ambiental » | 1996 | Vila Pinto | 137* | 216.000 (18%) | 2,5-3 | 790 |
| 8-Cavalhada | 1996 | Reciclado-res de Cavalhada | 33 | 196.469 (14%) | 2 | 540 |

*115 femmes et 22 hommes

**Station de transfert, enfouissement de extrema et enfouissemant métropolitain Santa Tecla**

Le centre d' enfouissement est autorisé à traiter 400 tonne/jour. Il possède une double couche d'imperméabilisation, l'une d'un mètre d'argile compacte, l'autre est une membrane d'étanchéité en PEHD de 2 millimètres. Le traitement principal se fait sur une base de 40cm de gravier n°5 de plus d'un hectare de surface, qui sert de filtre anaérobie, l'écoulement allant à la Station de Traitement. Ce lieu était une zone dégradée par l'extraction de sable.

L'enfouissement métropolitain était situé dans le quartier Santa Tecla, municipalité de Gravatai (ancienne décharge sauvage), sur une zone de 12 ha, lequel reçoit les déchets des municipalités de Gravatai, Cachoeirinha, Esteio et Porto Alegre. La première phase consiste en une rébabilitation environnementale de la zone : biotraitement (biorremidiação), recomposition de talus de retenue, pose de drains pour la collecte des lixiviats traités par lagunages collecte et traitement du biogaz, transformant ainsi la décharge sauvage en enfouissement technique.

En 1999, 800.000 reais (U$430,10 dollars) ont été investis en travaux d'infrastructure et de réhabilitation en récupération de l'ancienne décharge dans cette zone.

La municipalité dispose d'une Stations de Transfer à Lomba do Pinheiro, pouvant recevoir 900 tonne/jour de déchets ménagers, municipaux commerciaux et industriels. Dans cette zone de 18ha sont installés, outre la Capatazia de Lomba do Pinheiro, le transfert, l'Unité de Recyclage et de Compostage des Déchets Ménagers.

Le transfert de Déchets Solides Urbains de Porto Alegre devient nécessaire en raison de l'implantation du nouvel Enfouissement Technique à Extrena do Lami, situé à une distance de 35 km du centre de la ville. Le transfert fonctionne 24 heures sur 24, avec 22 employés.

### Déchets des services de santé

La production est de 26 tonne/jour qui sont acheminées à l'enfouissement de la Zone Nord. Ces déchets font partie d'un Plan de gestion des déchets dans 28 hôpitaux et 2 centres de santé.

Les hôpitaux comptent aujourd'hui trois collectes différenciées, dont la qualité dépend de la ségrégation et du conditionnement faits dans les unités: a) *la collecte spéciale* recueille déchets considérés comme contaminés et les déchets ordinaires non recyclables; cette collecte est faite au moyen de containers qui sont relevés quotidiennement; b) *la collecte sélective* recueille les matières recyclables séparées à l'origine; l'équipement utilisé est le même que celui de la collecte sélective dans les quartiers; c) la *collecte des déchets organiques* recueille les restes de préparation des aliments et les restes de la cantine des employés; on utilise des bonbonnes de 100 litres avec couvercle et camion à carrosserie en bois. Ils sont acheminés au Projet Pocins, développé par le DMLU auprès d' éleveurs de porcs de la région.

**Le projet élevage porcin**

Quotidiennement 7,5 tonnes de surplus alimentaires provenant de cantines d'hôpitaux et entreprises sont collectées et destinées à la préparation de rations pour porcs. C'est une façon de soutenir les éleveurs de porcs de la zone rurale de la ville. Le projet a commencé en 1992; actuellement, 16 éleveurs y participent, avec un total de 1.200 porcins. Les éleveurs reçoivent aussi une assistance technique et les animaux sont soumis à des examens sanitaires. Le fumier est également utilisé comme engrais naturel.

**La communication environnementale**

Le DMLU investit 525.000 Francs Français par an dans l'Éducation Environnementale et on estime que dépenses de fonctionnement sont du même ordre. Le DMLU a une équipe de 15 personnes (techniciens de niveau moyen à supérieur et personnel d'appui) assurant l'Assistance Environnementale. Elle dispose d'un autobus pour les visites techniques et d'un petit espace réservé pour la consultation de documents (mais sa fréquentation semble très limité).

En mariant les modèles de Porto Alegre et de Belo Horizonte nous pouvons obtenir un modèle cohérent de gestion des déchets urbains.

# CHAPITRE 6
## LA GESTIONDES RÉSIDUS URBAINS ET FACTEURS LIMITANTS

### 6.1 Gestion des déchets socialement intégrée: nouveau concept de gestion intégrée des déchets?

A l'aube du XXI$^{ème}$ Siècle, et au niveau mondial, il apparaît nécessaire de repenser la gestion des déchets dans son ensemble. On parle de la réduction des résidus à la source mais de leur élimination, qui demeure une composante majeures devra offrir des garanties (minimales) de sécurité; on parle de la nécessité de changements de comportement du citoyen (de la société moderne) envers la production et la consommation. Cela nous semble être un très grand défi pour la politique de communication environnementale en direction des citoyens.

Au début des années 1970, quelques questionnements relatifs aux déchets ont été ébauchés de façon bien timide: les gaspillages associés aux ressources naturelles, des perspectives de pénurie pour certaines matières vierges, le tout teinté de préoccupations environnementales. Des textes juridiques (législatifs et réglementaires…) tournés vers une politique des déchets définissent les principes, en hiérarchisant les modes de gestion.

A la fin des années 1980 et au début des années 90, la gestion des déchets, devient à la fois un enjeu technologique, juridique, économique et environnemental dans les pays du Nord, et également social, surtout dans les pays du Sud. On peut ajouter, pour tous, l'enjeu psychologique, car le mental lui est associé. La problématique des déchets solides a toujours été présente; toutefois, au cours des deux dernières décennies, elle acquiert un rôle important du point de vue législatif, principalement dans les pays du Nord.

En comparant avec les autres composantes de la gestion sanitaire et environnementale: qui intègrent l'assainissement (l'égout sanitaire, l'eau potable, le drainage urbain), les déchets demeurent une préoccupation permanente. A partir du moment où le mouvement environnementaliste (y compris le parti vert, dans quelques pays) prend conscience de la relation entre déchets solides, qualité de vie et qualité de l'environnement, ses exigences envers la législation s'accroissent.


## 6.2    La Mondialisation du vocable de gestion intégrée


Aujourd'hui, dans divers pays du monde,  du Nord  mais aussi du Sud, il existe une littérature juridique abondante relative aux déchets, et celle-ci correspond à un processus continu d'ajustements, même dans les pays industrialisés. On constate une globalisation du concept de gestion intégrée des déchets [integrada, intégrée, integrated]; mais ce concept étant adapté suivant les convenances de son utilisateur, il en résulte des contenus très différents, parfois opposés.[54] Quelles sont nos prétentions en présentant un modèle de gestion des déchets socialement intégrée? Il s'agit d'introduire un élément supplémentaire dans le concept (bien qu'il soit déjà confus) et embrouillé de gestion intégrée.


## 6.3    Les composantes d'une gestion intégrée et leur articulation


Nous considérons, outre les principes, les différents niveaux d'application ou/et l'absence d'application; ainsi les principes de base des lois brésiliennes, sont très

---

[54] Gérard Bertolini. Vers un nouveau concept de gestion intégrée des déchets? Forum du Club Européen des Déchets; Madrid, octobre 1998.

semblables à ceux figurant dans les textes juridiques des pays du Nord, mais avec des résultats bien différents.

Le modèle proposé de Gestion de Résidus Urbains socialement Intégré repose sur cinq points: 1 - Le développement de filières de traitement des résidus, y compris leur valorisation; 2 - L'économie (leur viabilité) 3 - La communication environnementale (le participatif, comment intervient le culturel); 4 - Le social (l'insertion sociale, l'emploi); 5 - L'environnemental (y compris les aspects sanitaires). L'intégration concerne également les catégories d'acteurs (ou d'agents): producteurs de déchets; catadores [chiffonniers]; municipalités et coopération entre municipalités; prestataires privés; industries du recyclage.

Un élément majeur dans le modèle présenté, réside de plus dans l'association de la réduction des déchets à leur source et de la protection de l'être humain et de l'environnement, en fonction de l'identification (lecture de la réalité locale) des sources génératrices de déchets (leur potentiel); impacts causés (sur l'homme et l'environnement) sont fonction du type de déchets, de leur qualité et de leur quantité. Le degré d'importance des sources génératrices de déchets, dans ce modèle, est des lors déterminé à partir des problèmes identifiés, et les solutions possibles le sont en partant de la réduction de ces résidus à leur source. C'est été le cas de Vitória da Conquista, le processus d'identification des sources génératrices de déchets à partir de la modélisation de la réalité locale.

Le modèle vise à la réduction des déchets à acheminer à l'enfouissement technique. Il donne priorité au principe de la réduction 3R-V. A souligner qu'avec le «V» de valorisation ici présenté, il s'agit de la valorisation organique et non de la valorisation énergétique. Dans nos travaux techniques depuis 1991 nous faisons toujours ressortir l'importance de la valorisation de la fraction organique séparée à la source (le tri positif).

### Les limitations dans la gestion

Nous considérons que la non-cohérence dans le choix et l'intégration des différentes modalités de gestion des déchets urbains constitue une entrave pour résoudre les problèmes de déchets.

On a caractérisé 2 situations significatives de la problématique des déchets solides urbains, qui engagent en théorie la qualité de vie de milliers d'êtres humains. Chaque situation est identifiée à partir du problème central (Figure 6.1 et 6.2), en analysant ses développements. Nous avons fait une modélisation globale a partir de la lecture d'écosystème urbain de Vitória da Conquista.

   a) Situation A

I - Le problème principal est encore la déficience des services de collecte des déchets urbains, si ce n'est même l'absence pure et simple de la collecte. Nous considérons que c'est le cas des villes qui collectent moins de 20% des déchets domestiques générés; par exemple Bissau, capitale de la Guinée, a une collecte d'environ 17%.[55]

II - Les déchets générés et non collectés sont généralement déposés dans des jardins, des terrains vagues et autres. Les lieux où sont accumulés les ordures se caractérisent comme des points à risques car ils sont l'habitat idéal pour que des macro-et micro-vecteurs prolifèrent; pourtant la population exposée reste, y compris et les enfants et les personnes âgées, qui sont les plus vulnérables.

---

[55] Aquino Consultores Associados LTDA. Estudo e Plano de Acção do componente Participação Comunitaria – Resíduos Urbanos na Guiné – Bissau. Relatório Final–Volume III. Banco Mundial. Fevereiro, 1999. P.7,8.

Situation  A

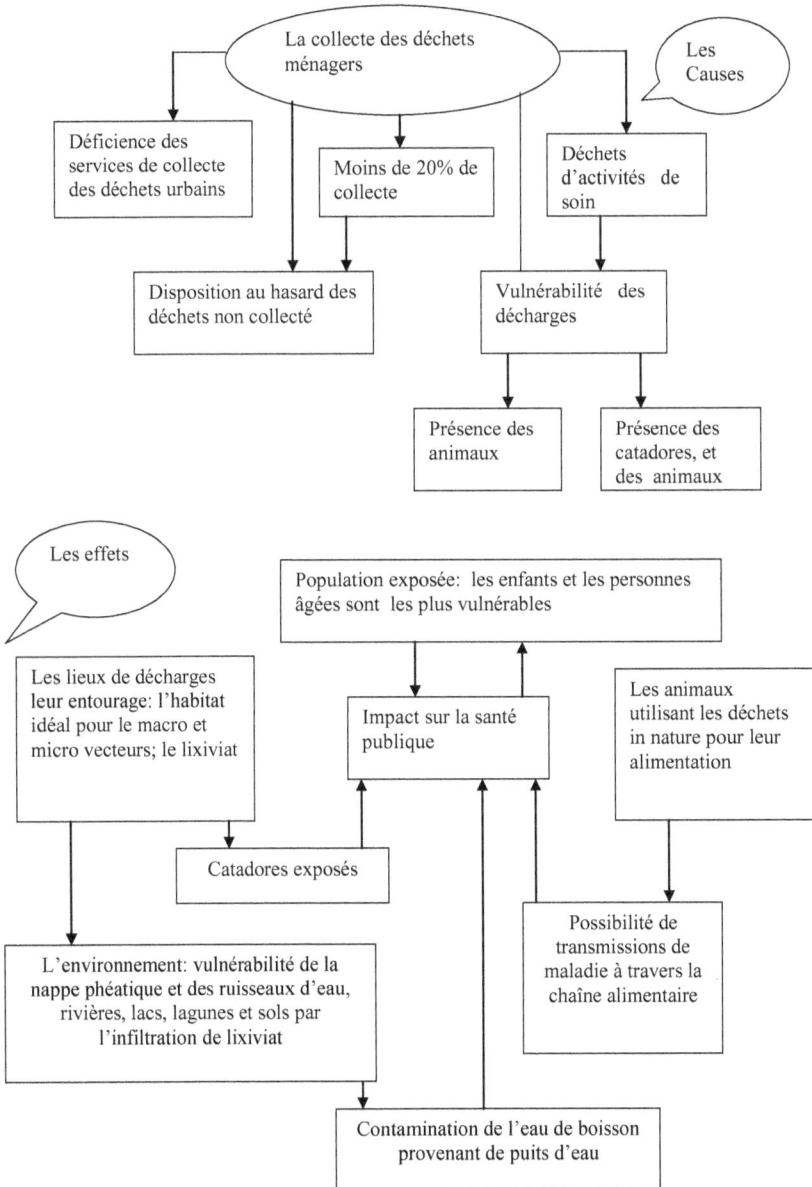

La collecte des déchets ménagers

Les Causes

Déficience des services de collecte des déchets urbains

Moins de 20% de collecte

Déchets d'activités de soin

Disposition au hasard des déchets non collecté

Vulnérabilité des décharges

Présence des animaux

Présence des catadores, et des animaux

Les effets

Population exposée: les enfants et les personnes âgées sont les plus vulnérables

Les lieux de décharges leur entourage: l'habitat idéal pour le macro et micro vecteurs; le lixiviat

Impact sur la santé publique

Les animaux utilisant les déchets in nature pour leur alimentation

Catadores exposés

L'environnement: vulnérabilité de la nappe phéatique et des ruisseaux d'eau, rivières, lacs, lagunes et sols par l'infiltration de lixiviat

Possibilité de transmissions de maladie à travers la chaîne alimentaire

Contamination de l'eau de boisson provenant de puits d'eau

**Figure 6.1** - Les causes et les effets d'une collecte inadequate.

131

III - Au niveau environnemental, un des impacts les plus fréquents - avec ses conséquences sur la santé publique - est la contamination de la nappe phréatique (eaux de sous-superficie). Dans les villes où les immeubles sont en majorité des habitations horizontales, l'utilisation d'eau de boisson provenant de citernes est fréquente, celles-ci pouvant être communautaires ou non, et la contamination de l'eau survient en fonction de la distance de l'amas de déchets au puits.

IV - Les déchets collectés ne sont pas traités; ils sont déposés dans des dépotoirs à ciel ouvert, sans aucun contrôle. La vulnérabilité du site où se trouve la décharge (dépotoir) est totale, surtout s'il y a à proximité des ruisseaux, rivières, lacs, lagunes, sols et habitations. S'y ajoute la contamination de la nappe phréatique, surtout si elle est superficielle et si le sol est sableux (perméable).

V - La présence d'animaux (bovins, porcins, caprins) dans la décharge, utilisant les déchets in natura pour leur alimentation, favorise de possibles transmissions de maladies à travers la chaîne alimentaire.

VI - L'absence de catadores, dans diverses villes d'Amérique Latine qui sont loin de régions avec marché de recyclables, et surtout dans les pays africains qui ne possèdent pas encore de marché important de recyclables. La présence de personnes sur ces lieux est sporadique. La présence de ramasseurs est peu probable car la majeure partie des déchets générés(80%) est dispersée, distribuée dans divers points de la ville.

VII - Les déchets générés dans les postes de santé et les hôpitaux (établissements prestataires de services de santé), sont manipulés, conditionnés et transportés de manière inadéquate. Tous ceux qui manipulent, conditionnent et font le transport interne de ces déchets sont exposés à la contamination. De plus ces déchets ne sont l'objet d'aucun traitement; ils sont parfois mis derrière l'établissement, ou sur des terrains vagues.

L'étude de cas de l'Hôpital Simão Mendes, réalisée à Bissau (Guinée), relate que «fréquemment, les ordures sont déversées de façon désordonnée à proximité, les enfants ont facilement accès au lieu pour jouer, déchaussés, au milieu des aiguilles, seringues, tubes et autres ordures contaminées».[56] Quand un service de collecte de la municipalité, existe elles sont acheminées à la décharge, et restent exposées à ciel ouvert.

b) Situation B

I - Ici, le problème principal est celui de la destination finale donnée aux déchets urbains collectés: la décharge. Les problèmes environnementaux sont aggravés quantitativement par rapport à l'item 3 de la situation A, car plus de 80% des déchets urbains produits sont collectés et déposés également sans traitement préalable. S'y ajoute le fait que la fraction organique représente au moins 50% des déchets domestiques.

II - La présence de catadores sur les décharges indique l'existence d'un marché local de recyclables. L'univers des catadores vivant des décharges de l'Amérique Latine est formé de: femmes, hommes et enfants. Dans de nombreuses villes ils habitent sur la décharge même. «Dans ces lieux insalubres, des enfants et des adultes, sans aucune protection, disputent à des animaux (porcins, bovins, chiens, rongeurs et oiseaux) le meilleur des ordures, s'exposant à des maladies et courant le risque d'accidents graves dus au mouvement des tracteurs et camions utilisés dans les opérations de déversement».[57]

III - La collecte des déchets domestiques est déficiente surtout dans les quartiers situés à la périphérie, parfois pour en raison de difficultés d'accès. Les

---

[56] Da Goia Serafim, Maurício; Pereira, Simões Camilo; Santos, F., Jose Manuel. O Problema do lixo dos hospitais – como elimila-los? Estudo do caso do hospital Simão Mendes. Bisssau, 1997, p.4.
[57] Nunesmaia, Maria de Fatima. Lixo: soluções alternativas – projeções a partir da experiência UEFS, 1997, p.27.

conséquences au niveau environnemental et de santé publique sont les mêmes que celles citées à l'item 2 de la situation A.

IV - La non-collecte des déchets de bâtiment favorise la formation de divers points dits clandestins, devenant une contrainte pour les services de propreté urbaine, en raison de leur quantité; volume; de plus, ces point attirent toutes sortes de déversement.

Dans les deux situations exposées, le plan de gestion des déchets urbains socialement intégrée, doit considérer divers paramètres et critères: le social, l'emploi; le sanitaire et l'environnemental, le participatif, et l'économique.

**Situation B**

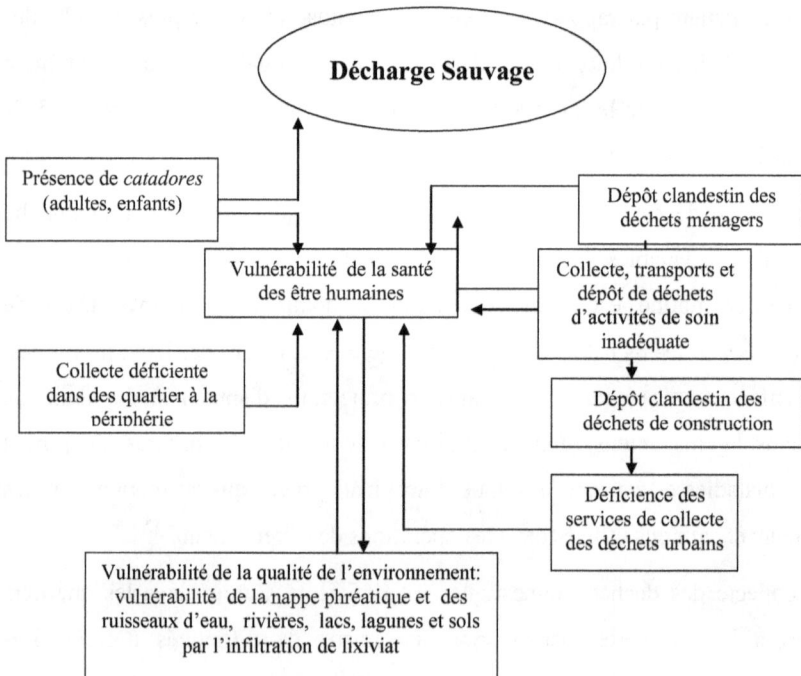

**Figure 6.2** – Caraterístiques d'une décharge sauvage et ses conséquences.

## 6.4 Le contexte juridique dans quelques pays: la base de la politique de gestion des résidus solides

### Le Québec

Le Gouvernement du Québec a adopté en 1989 une politique de gestion intégrée des résidus solides: cette politique visait à réduire de 50% la quantité de déchets à éliminer, ce d'ici l'an 2000. Le Gouvernement du Québec, a ensuite pris conscience du fait que les objectifs prévus seraient difficilement atteints; dés lors, une mission à ce sujet a été confiée au Bureau d'Audiences Publiques sur l'Environnement (BAPE), à la demande du Ministère de l'Environnement et de la Faune.

La politique gouvernementale de gestion intégrée des déchets solides de 1989 a été remplacée par le Plan d'Action Québécois sur la gestion des matières résiduelles 1998-2008. Dans ses principes d'action, la hiérarchisation est la suivante: les 3RV-E (E=élimination) à savoir, à moins qu'une analyse environnementale ne démontre le contraire: la réduction à la source, le réemploi, le recyclage, la valorisation et enfin l'élimination doivent être privilégiés, dans cet ordre, lors des choix de gestion des matières résiduelles. Il est intéressant de souligner que dans la politique de 1989, on utilisait le terme de gestion intégrée des résidus solides et que, dans le Plan de 1998-2008, lui est substitué celui de gestion des matières résiduelles.[58]

Le coût du Plan d'Action québécois a été estimé à 65 millions de dollars (canadiens), alors que l'ensemble des activités de gestion des matières résiduelles soit l'enlèvement, le transport, la récupération, le traitement, la réparation, le recyclage, le compostage, la valorisation énergétique, l'enfouissement et l'incinération, contribuent à l'activité économique du Québec pour un milliard de dollars annuellement.[59]

---

[58] le plan d'action du Québec désigne les mots «matières résiduelles» ou «résidus» matière ou objet périmé, rebuté ou autrement rejeté, qui est mis en valeur ou éliminé.
[59] Document du Ministère de l'Environnement du Québec. Plan d'action québécois sur la gestion des matières résiduelles 1998-2008: cinquième partie – l'impact financier, 1999.

## L'Europe

L'Allemagne a été l'un des premiers pays à établir de manière claire le principe de responsabilité des producteurs en fixant des quotas de reprise et de recyclage des emballages. Le gouvernement allemand a ensuite établi une hiérarchie à respecter dans les traitements des déchets seulement dans sa loi du 27 septembre 1994. Son ordonnance fédérale du 12 juin 1991 qui concernait l'élimination des déchets d'emballages, a été ultérieurement modifiée par la résolution du Conseil Fédéral du 17 février 1995, suivie de la version du 10 mai 1995.[60]

Des trois régions qui composent la Belgique, la région de Bruxelles, dans sa résolution (ordonnance) du 7 mars 1991 relative à la prévention et à la gestion des déchets, privilégie dans sa hiérarchie la prévention, c'est-à-dire réduction de la quantité de déchets ou de leur nocivité, suivie de la valorisation des résidus par recyclage, réemploi, réutilisation ou toutes autres actions visant à obtenir une matière première secondaire, et à défaut l'utilisation des déchets comme source d'énergie; la région flamande, par le décret du 20 avril 1994 relatif à la gestion des déchets, privilégie la hiérarchie suivante: la prévention quantitative et qualitative; la promotion de la valorisation des déchets; et l'élimination lorsque la prévention et la valorisation sont impossibles.[61]

Le Danemark est considéré comme un des précurseurs dans le domaine de la gestion des déchets (d'emballages) en se dotant, dans les années 80, d'une législation n'autorisant la mise sur le marché des bières et sodas que dans des emballages reremplissables. Il établit également une hiérarchie dans la gestion de déchets (prévention, recyclage, incinération avec récupération d'énergie, mise en décharge), affirmée dans son plan d'action pour les déchets et le recyclage de 1993-1997.[62]

---

[60] DEMEY Th., et alli. L'Europe des emballages: une directive a l'epreuve de 15 trans-positions. IBGE, 1996. p. 141.
[61] ibid., p . 167, 168.
[62] ibid., p. 183, 185.

La loi du 26 juin 1990 sur la gestion des déchets de l'Autriche nous paraît être la plus claire et la plus convaincante dans les années 90, par rapport à l'ensemble des pays européens. La loi fait état d'un plan de gestion des déchets au niveau fédéral et d'une durée de 3 ans, élaboré par les ministères de l'environnement, de la famille, de l'agriculture et des affaires économiques, les Länder, les municipalités, les chambres de commerce et de l'industrie, les représentants des travailleurs et les chambres d'agriculture.[63]

L'Autriche, comme les autres pays déjà cités, établit une hiérarchie pour la gestion des déchets. La loi précise de plus que les déchets doivent être collectés séparément, afin de faciliter le traitement et de limiter les impacts environnementaux.

Au Luxembourg, dans la loi du 17 juin 1994 relative à la gestion des déchets, la hiérarchie dans le mode de gestion insiste sur la prévention: 1 - préventions de la production et de la nocivité des déchets; 2 - réductions de la production et de la nocivité des déchets; 3 - valorisations des déchets par le réemploi, le recyclage ou tout autre procédé écologiquement approprié; 4 - éliminations des déchets ultimes de manière écologiquement et économiquement appropriée.[64]


### La France


Selon le Ministère de l'Aménagement du Territoire et de l'Environnement Français, la loi de juillet de 92 est le départ d'une politique plus ambitieuse, axée en particulier sur le développement de la prévention.[65]

La loi établit un objectif ambitieux en fixant 2002 comme date limite au-delà de laquelle ne seront admis en décharge que les déchets dits ultimes.

---

[63] ibid., p. 155, 157.
[64] ibid., p. 226, 227.
[65] Ministère de l'Aménagement du territoire et de l'environnement. Dossier DPPR/dé-chets, Gouv. France, 1999.

La circulaire du 28 avril 1998 revient sur cette question; en fonction de la réalité observée sur la gestion des déchets au niveau des départements, il apparaît nécessaire de modifier, préciser, compléter les orientations. En France, la hiérarchie des modes de gestion des déchets date de juillet 1992; elle est la suivante: prévention; valorisation par réemploi, recyclage ou valorisation énergétique; mise en décharge des déchets ultimes.[66]

**Le Brésil**

Au Brésil, l'Arrêté n° 53 de l'ex Ministère de l'Intérieur, daté du 1er mars 1979, fixe des normes pour les projets spécifiques de traitement et de stockage des résidus solides, ainsi que le contrôle de l'implantation, de l'exploitation et l'entretien des installations correspondantes. Parmi d'autres considérations sur les déchets solides, l'alinéa XII dit: Dans les plans ou projets de dépôt final des résidus solides doivent être promues des solutions conjointes pour des groupes de municipalités, ainsi que les solutions nécessaires pour le recyclage et la récupération rationnelle de ces déchets.

La Résolution du Conseil National de l'Environnement (CONAMA – Conselho Nacional de Meio Ambiente) n°001 du 23/01/86, dans son art.2, alinéa X, prévoit que les enfouissements techniques seront soumis à l'élaboration d'études d'impact environnemental (EIA) et le rapport correspondant d'impact environnemental (RIMA), doit être soumis à l'approbation de l'organe étatique compétent et, de façon supplétive, à l'IBAMA (organe fédéral). Quant à la Politique Nationale des Résidus Solides Brésilienne, la proposition en a été acheminée au Congrès Nationale par le Conseil National de l'Environnement.

Elle comporte 18 chapitres; en ce qui concerne la hiérarchisation du mode de gestion, celle-ci est définie dans le Chapitre III – Des Principes et Fondements, art.5 les principes de la Politique de Gestion des Résidus Solides. Les axes sont hiérarchisés dans cet ordre: I. la non-production de déchets; II. la minimisation de la

---

[66] J.O. du 14 juillet 1992.

production de déchets; III. la réutilisation; IV. le recyclage; V. le traitement; le dépôt final.

Bien que la politique nationale des déchets ait été présentée au Congrès National seulement le 28/04/99, de nombreux États et municipalités ont introduit des principes de gestion de leurs déchets, dans divers textes: Constitution (chaque État a la sienne); Loi d'État sur l'Environnement (chaque État a la sienne); Loi Organique de la Municipalité; Code Municipal de l'Environnement; et Code de Propreté Urbaine (chaque municipalité élabore le sien). La Politique Nationale des résidus solides brésiliennes a été adoptée depuis 2010.

## 6.5    Quelques considérations sur la politique des déchets

Nous avons précédemment retenu quelques exemples de pays pour situer le cadre légal et réglementaire national de politiques publiques de déchets solides, en donnant de l'importance aux principes de hiérarchisation du mode de gestion des déchets dans chacun des pays cités. En faisant une rapide analyse, on constate que, lorsqu'il s'agit de politiques publiques de déchets solides, inscrites dans des textes réglementaires, tout est récent voire très récent, à la différence des autres composantes de l'assainissement environnemental (traitement de l'eau potable, traitement des eaux usées et drainage urbain), même dans les pays du Nord. Les avancées en question, dans ces pays, se produisent pratiquement à partir de la décennie 90; par conséquent, elles sont encore en phase d'ajustements et réajustements.

En France, dans un rapport du 26 août 1998 du Ministère de l'Aménagement du Territoire et de l'Environnement DIRPPR/déchets) ressort la nécessité de moderniser le contexte juridique du service public de gestion des déchets, d'appuyant sur le constat d'un décalage croissant entre les textes et la pratique; il est dit: si l'organisation de ce service public a fortement évolué au cours de la dernière décennie, le contexte juridique est en revanche resté pratiquement inchangé.[67]

Le Québec a remplacé sa politique de gestion intégrée des Résidus Solides (1989) par le Plan d'Actions sur la gestion des matières résiduelles 1998-2008.

On constate que tous les pays affirment comme priorité, au sommet de la hiérarchie des modes de gestion des déchets, la prévention, mais il reste à donner à cette idée un contenu concret. La volonté de réduction à la source devrait, au-delà du discours, s'inscrire dans un processus de planification-programmation. De plus, la réduction à la source est souvent mal comprise, et en particulier confondu avec le recyclage.[68]

Quant aux principes qui régissent la hiérarchisation du mode de gestion des déchets, il nous semble exister un consensus sur les priorités présentées par les pays cités, comme il est montré dans le (Tableau 6.1) On peut ainsi affirmer qu'au moins au niveau légal, la base du discours de politiques publiques des déchets est semblable entre les pays du Nord et du Sud; c'est au moins le cas du Brésil.

Pourrions-nous dès lors affirmer que les pays du Nord et du Sud partagent la même base de principes de gestion des déchets? Que les pays du Sud reproduisent la pensée des pays riches en ce qui concerne les textes législatifs? Ne sont-ils pas seulement des jeux d'écriture, reproduisant ce qui a déjà été écrit ailleurs? Ou encore que les interventions relatives à la gestion des déchets dans les pays du Sud sont guidées par des principes de base imposés par les pays du Nord? Les pays du Sud adaptent-ils ou copient-ils les textes déjà existants? Ou tentent-ils de suivre les orientations de l'Agenda 21?

Si les pays du Nord et du Sud possèdent les mêmes principes de base, quelle suite leur est donnée? Les résultats sont-ils les mêmes ou sont différents? Qu'est-ce qui interfère dans les résultats?

---

[67] MATE, DIRPPR/ déchets, 1999.
[68] Bertolini, Gérard. Séminaire international de Porto Alegre, 1999.

**Tableau 6.1** – Priorités présentées par certains pays, quant aux principes de hiérarchisation du mode de gestion des déchets.

| Pays/ Principes de hiérarchie | 1° | 2° | 3° | 4° | 5° | 6° |
|---|---|---|---|---|---|---|
| Brésil | la non production de résidus | la minimisation de la production | la réutilisation matière | le recyclage | le traitement | le stockage |
| France | prevention | valorisation par réemploi | recyclage ou valorisation énergétique | mise en décharge des déchets ultimes | | |
| Luxembourg | Prévention de la production et de la nocivité des déchets | réduction de la production et de la nocivité des déchets | valorisation des déchets par le réemploie recyclage ou tout autre procédé approprié | élimination des déchets ultimes de manière écologiquement et économiquement appropriée | | |
| Autriche | prévention quantitative et qualitative | valorisation (pour autant qu'elle se justifie du point de vue environnemental et économique) | si la valorisation est injustifiée, élimination par voie biologique, thermique ou chimico-physique | les déchets ultimes sont mis en décharge | | |
| Allemagne | prévention quantitative et qualitative | recyclage matière | valorisation thermique | élimination | | |
| Danemark | prévention | recyclage | incineration avec récupération d'énergie | mise en décharge | | |
| Québec | la réduction à la source, | le réemploi | le recyclage | la valorisation | l'élimination | |
| Belgique (Bruxelles) | priorité la prévention ou la réduction de la production des déchets ou de leur nocivité | valorisation des déchets par recyclage | réemploi | reutilisation ou toute autre action visant à obtenir à des matières premières secondaires, ou l'utilisation des déchets comme sources d'énergie | | |
| Belgique (R.Flamend) | la prévention quantitative et qualitative; | la promotion de la valorisation des déchets | l'élimination lorsque la prévention et la valorisation sont impossible. | | | |

## 6.6    Le cadre légal des programmes de collecte sélective

En prenant la France, la Suisse et le Brésil pour en comparer les textes réglementaires relatifs à l'obligation de tri des déchets à la source par la population, on observe que le Brésil est le seul des trois pays qui réglemente la collecte sélective.

A la fin des années 80 et au début des années 90, le terme collecte sélective apparaît au Brésil comme quelque chose de totalement nouveau; et, en particulier en 1991, l'élaboration et l'approbation des lois au niveau étatique (de l'État)et municipal rendent obligatoire la collecte sélective.[69]

La Loi n° 6586 du 12 janvier 1991 de la Municipalité de PORTO ALEGRE oblige les écoles du réseau municipal d'enseignement à développer des programmes internes de séparation des déchets; la Loi Organique de la municipalité de Belo Horizonte, dans son art. 151, alinéa I, dit: la collecte des ordures sera sélective. La Loi n° 1831 du 6 juillet 1991 de l'État de Rio de Janeiro a crée l'obligation pour les écoles publiques de procéder à la collecte sélective des ordures dans l'État de Rio de Janeiro.

> *Art. 1: La collecte sélective des ordures dans les écoles publiques de l'État de Rio de Janeiro (et de la municipalité de Vitória da Conquista) devient obligatoire, avec la finalité, les moyens et les arguments suivants: I - faire de la récupération des matériaux une pratique constante chez les administrateurs publics et les élèves; II - l'intégrer dans un programme d'éducation environnementale devant être mis en œuvre par les écoles publiques, visant au développement d'une conscience écologique dans la société; III - Faire prendre conscience des bénéfices sociaux de la pratique du recyclage, tant en vue d'économiser des énergies et des investissements que de préserver l'écosystème.*

Au nom de la préservation des écosystèmes, sont mis en route en 1991 des projets de lois, au niveau municipal et étatique, d'obligation de programmes de collecte sélective au Brésil.

---

[69] Le Bresil étant une Fédération ses lois sur l'environnement sont soumises à une hiérarchisation,  la loi fédérale doit être suivie par tous, les lois d'état (le Brésil a 26 États) peuvent être plus exigeantes que les lois fédérales, et les lois municipales de leur côté plus détaillées et exigeantes que celles de l'État.

Le discours écologique, au cours de cette période, a favorisé d'une certaine façon le maquillage du contenu du recyclage et de la préservation environnementale. Dans cette période, avec les discours et la mode de la collecte sélective, une question cruciale est occultée: la destination finale des déchets urbains et les décharges brutes, voire sauvages y compris les chiffonniers [catadores]. Les lois ont été élaborées de manière déconnectée vis-à-vis de la réalité sociale brésilienne et des organes responsables de la propreté urbaine; dans de nombreux cas, les responsables eux-mêmes de la propreté publique n'ont pas pris connaissance de l'existence de la loi.

Les résultats de la dernière recherche faite par l'IBGE sur la destination finale des ordures au Brésil avec les dispositions de l'Arrêté n°53/79, démontrent le défaut d'application des lois.[70]

On peut souligner, dans les lois l'importance accordée à la valorisation des déchets (qui économise les ressources naturelles, etc); mais cela se faisait déjà par les catadores (chiffonniers). Dans diverses villes brésiliennes qui ont un marché pour les recyclables, et même en l'absence de programmes de collecte sélective, la valorisation des fractions sèches des résidus urbains existe, à travers des catadores dans les décharges et des catadores de rues, en particulier pour le papier.

La question la plus pertinente est de savoir si: la collecte sélective, associée à un centre de tri, permet de retirer les catadores (enfants et adultes) des décharges sauvages (transformées en enfouissement sanitaire), en leur offrant des conditions de travail dignes, donc en valorisant le contingent humain existant, les catadores, qui tirent leur gagne-pain des déchets urbains.

## 6.7   Instruments juridiques d'éducation à l'environnement et application

L'éducation à l'environnement a déjà trouvé populaire chez les brésiliens; avant le Rio-92 il existait déjà au niveau national un réseau d'éducation à l'environnement à

---

[70] Nunesmaia, Maria de Fatima. Lixo: soluções alternativas - projeções a partir da experiência UEFS. UEFS, 1997. p. 24.

143

composition informelle (les ONG environnementalistes) et formelle (les Institutions, dont les Universités); diverses discussions ont eu lieu, en vue d'apporté à Rio en 1992.

Les termes éducation à l'environnement et développement soutenable sont très appréciés dans les discours politiques, quelle que soit la tendance politique. En 1995 nous avons a analysé quelques programmes de collecte sélective et d'actions au nom de l'éducation à l'environnement: un autre aspect à mentionner est la nécessité que les professionnels du domaine des déchets solides, outre les pouvoirs publics municipaux, comprennent l'importance d'inclure l'éducation à l'environnement dans leurs programmes de collecte sélective.

Mais il est indispensable que l'éducation à l'environnement soit toujours orientée par une vision holistique et non par une forme quelconque de dressage, comme celle qui propose l'échange des ordures contre un panier de base ou un bon-transport-pain. Au nom de l'éducation à l'environnement, de nombreux programmes de collecte sélective au Brésil investissent en publicité, sans aucune réflexion sur les méthodes appliquées et leurs résultats.[71] De nombreux programmes de l'époque n'ont pas duré plus d'un an.

Au plan juridique, l'éducation à l'environnement est citée pratiquement dans toutes les lois . Dans la Politique Nationale de l'Environnement de 1981, l'éducation à l'environnement intègre un des principes cités dans son art. 2, alinea X - éducation à l'environnement, à tous les niveaux d'enseignement, y compris l'éducation de la communauté, avec l'objectif de la rendre capable de participer activement à la défense de l'environnement.

Ce texte, avec quelques apports, est plus ou moins repris: dans les Constitutions des États, dans les Législations sur l'Environnement des États, dans les Codes de l'Environnement des municipalités, dans les Lois Organiques des municipalités, dans les Codes de propreté urbaine des municipalités. Certains Codes de propreté urbaine vont jusqu'à consacrer un chapitre complet à l'éducation à l'environnement.

---

[71] ibid, p.36.

Il me semble que les textes juridiques qui concernent à l'éducation à l'environnement au Brésil trouvent dans des documents internationaux écrits lors des diverses rencontres (Tbilissi par exemple et autres).

Il a fallu 4 ans pour que la loi n° 9.795 du 27 avril 1999 soit approuvée. Elle prend des dispositions sur l'éducation à l'environnement, institue une Politique Nationale de l'Éducation à l'Environnement. Le chapitre I – De l'éducation à l'environnement, la définit ainsi, dans son art. 1: «on entend par éducation à l'environnement les procédés au moyen desquels les individus et la collectivité construisent des valeurs sociales, des connaissances, des capacités, des attitudes et compétences tournées vers la conservation de l'environnement, bien d'usage commun du peuple, essentiel à une saine qualité de vie et à sa soutenabilité».

Les principes de base sont hiérarchisés de la façon suivante:

I -  Le point de vue humain, holistique, démocratique et participatif;

II -  La conception de l'environnement dans sa totalité, en considérant l'interdépendance entre les milieux naturel, socio-économique et culturel, du point de vue de la soutenabilité;

III -  Le pluralisme d'idées et de conceptions pédagogiques, dans la perspective de l'intermulti, et transdisciplinarité;

IV - Le lien entre l'éthique, l'éducation, le travail et les pratiques sociales;

V - La garantie de continuité et la permanence du processus éducatif;

VI - L'évaluation critique permanente du processus éducatif;

VII - L'approche articulée des questions environnementales locales, régionales, nationales et globales;

VIII - La reconnaissance et le respect de la pluralité et de la diversité individuelle et culturelle.

Sur les objectifs fondamentaux de l'éducation à l'environnement, l'alinéa V, de l'art. 5 dit: incitation à la coopération entre les diverses régions du pays, aux niveaux micro et macrorégionaux, en vue de la construction d'une société équilibrée au plan environnemental, fondée sur les principes de liberté, égalité, solidarité, démocratie, justice sociale, responsabilité et soutenabilité.

L'éducation à l'environnement sera développée comme une pratique éducative intégrée, continue et permanente, à tous les niveaux et modalités de l'enseignement formel (art.10). Alinéa §1 - L'éducation à l'environnement ne doit pas être implantée comme discipline spécifique dans le cursus d'enseignement; §2 - Dans les études de post-graduation, extension, et, dans les domaines tournés vers l'aspect méthodologique de l'éducation à l'environnement, si nécessaire, la création d'une discipline spécifique est autorisée; §3 - Dans les cours de formation et de spécialisation technico-professionnelle, à tous les niveaux, doit être incorporé un contenu traitant de l'éthique environnementale des activités professionnelles.

Le paragraphe unique de l'art. 11 dit: les professeurs en activité doivent recevoir une formation complémentaire dans leur domaine, avec le propos de répondre de manière adéquate à l'exécution des principes et objectifs de la Politique nationale d'Éducation à l'Environnement. Pour ce qui est de l'éducation à l'environnement non formelle, la loi la comprend comme les actions et pratiques éducatives tournées vers la sensibilisation de la collectivité sur les questions environnementales et à leur organisation, et la participation à la défense de la qualité de l'environnement.

Le paragraphe unique de l'art. 13, (II) dit que les pouvoirs publics inciteront à une large participation de l'école, de l'Université et des organisations non gouvernementales dans la formulation et l'exécution de programmes et activités liés à l'éducation à l'environnement non formelle.

## 6.8 Le développement durable et la gestion des déchets

Le concept de développement durable (Rapport Brundtland 1987, Rio 1992), proposé par la Commission Mondiale de l'Environnement et du Développement, s'appuie sur des modes de production et de consommation viables à long terme pour l'environnement, sans pour autant réduire les chances de prospérité économique et sociale des générations futures. Cela signifie que à la gestion des déchets solides devra être plus rationnelle en ce qui concerne les ressources naturelles, la quantité de déchets produits, leur valorisation, et la réduction des risques associés à leur élimination.

Un grand nombre de citoyens de la planète n'ont pas même un système de collecte régulière de leurs déchets, quand ils ont une collecte partielle ou totale, la destination finale donnée à ces déchets est la décharge sauvage – Parmi des conséquences, plusieurs millions de personnes (y compris des d'enfants) meurent chaque année de maladies liées aux déchets.[72] Sans parler de l'univers d'enfants et adultes qui survivent dans et de la décharge.

Au Brésil et dans les pays de l'Amérique Latine, bien qu'il existe des enfouissements techniques bien exploités, la situation de la destination finale des déchets reste très préoccupante; la majeure partie des déchets qui sont recueillis sont déposés de manière inadéquate, comme présenté au chapitre II.

Quand il existe un marché des recyclables dans la région, la présence de catadores (des enfants et des adultes) est repéré sur ces lieux. Le Bureau de l'UNICEF à Brasilia a eu récemment une initiative positive à travers le lancement en juin 1999 de la campagne de mobilisation enfance dans les ordures, plus jamais.

La responsable des Projets de l'UNICEF Brésil, Heliana Katia Tavares Campos (elle était auparavant surintendante du SLU, service de propreté urbaine de Belo

---

[72] Agenda 21, cap. XXI, 1992.

Horizonte) est le guide de cette Campagne et est à l'origine de la création du Forum National Ordures et Citoyenneté, créé en juin 1998 et composé aujourd'hui de 42 institutions représentatives de la société. Elle affirme que plus de 50.000 enfants, dans tout le Brésil, survivent du ramassage des ordures et environ 30% d'entre eux ne vont pas à l'école. Ces enfants sont sujets à des problèmes sociaux qui vont de la grossesse précoce l'abus sexuel à l'usage abusif de drogues. Il n'est pas admissible que dans un pays qui se classe au $10^{ème}$ rang de l'économie mondiale, de nombreux enfants et adolescents vivent dans et des décharges sauvages.

La campagne a eu une grande répercussion dans tout le Brésil; elle a fait les premières pages de tous les journaux du pays et a été mise en avant dans tous les médias électroniques de communication, en raison de l'approche sociale touchant les enfants. Ces initiatives sont une démonstration que la société est en train de se mobiliser contre une réalité criante et qui va à l'encontre de toutes les normes et lois existants dans le pays.

Le Forum National Déchets et Citoyenneté a pour objectif d'articuler les institutions tournées vers la problématique de la gestion intégrée des déchets solides, en mettant l'accent sur les questions sociales, surtout sur les enfants qui actuellement survivent dans et des ordures et d'intégrer les actions développées, pour maximiser les effets et garantir la soutenabilité des programmes implantés.[73] Le Forum est la rencontre de diverses ONG et organes gouvernementaux qui travaillent dans des domaines connexes sur la problématique des ordures urbaines.

Après une période d'assoupissement, la société civile organisée reprend les rênes à travers la mobilisation sociale; lors d'une rencontre récente, au mois de Novembre dans l'État de Paraná, a émergé une motion intitulée La Lettre de Toledo; parmi les diverses revendications, sous l'angle social, dans le domaine de la gestion des déchets, il est exigé du Gouvernement Fédéral le vote immédiat du projet de loi Politique Nationale des Déchets Solides.

---

[73] UNICEF, Brasilia, 1999.

# CHAPITRE 7
## LE MODÈLE DE GESTION

### 7.1 La ville de taille moyenne–Vitória da Conquista (État de Bahia–Brésil)

La recherche que nous avons développé à Feira de Santana, dans la période 1991-1997, a donné des directives pour les politiques publiques de résidus municipaux, lesquelles ont orienté nos études à la ville-échantillon Vitória da Conquista, dont les résultats montrent les possibilités réelles de réduction de la génération de déchets et de l'importance de la valorisation des exclus, les chiffonniers [catadores].

Les résultats de la recherche ont révélé un grand potentiel pour le développement alternatif de filières de traitement et de valorisation des déchets urbains, à partir de la réduction de leur grandes sources génératrices, en apportant une attention spéciale aux déchets organique (tri-positif).

Le modèle proposé, dans le chapitre 4, incorpore, en priorité, les aspects sociaux, sanitaires, environnementale et économiques, en s'appuyant sur la communication environnementale, en tant qu'élément-clef.

## 7.2 Les métropoles

### Curitiba (État de Paraná–Brésil)

Les programmes qui ont opté pour l'échange des déchets contre des bons de transport, des paniers de produits de base, ensuite aussi l'échange des recyclables, peuvent être considérés comme valables en ce qui concerne les aspects sociaux. Toutefois, il est clair que ce type de programme d'échange ne peut être considéré comme un instrument d'éducation environnementale, dans la mesure où l'intérêt matériel de l'échange cesse d'exister, le programme meurt.

La prise de conscience, qui favorise un changement de comportement de l'individu, n'est pas développée dans un processus (conditionné) d'apprentissage. Souvent, le programme de collecte sélective de Curitiba est confondu avec les autres modalités de collecte, par exemple les programmes d'échange vert et achat des déchets.

Certaines initiatives positives sont en train d'être prises, dix ans après la collecte sélective; par exemple la tentative d'approche des chiffonniers. La mairie a engagé des stagiaires pour faire une enquête sur les [catadores] ramasseurs de papier, pour mieux les connaître; elle parle d'environ 3000 ramasseurs de papier opérant à Curitiba.

Curitiba n'a pas eu d'étapes d'identification, étude et planification pour la mise en œuvre de la collecte sélective. Le programme a été une initiative pure et simple du maire, avec un objectif de marketing politique. La définition du modèle de collecte sélective a été bousculée par l'urgence imposée par le maire. Certaines autres initiatives à ce sujet ne seront prises, que 10 ans plus tard (l'étude du profil des chiffonniers, par exemple);

Le pouvoir municipal continue à ignorer l'importance des bénéfices environnementaux et économiques associée à la valorisation de la fraction organique (la réduction du pourcentage de cette fraction dans l'enfouissement technique). Les gravats ne sont pas valorisés.

L'éducation environnementale dans le domaine de la propreté urbaine de la municipalité est très timide. Même en l'absence d'un programme agressif d'éducation environnementale, les résultats de la collecte sélective sont significatifs; l'explication réside peut-être dans le fait que la population de Curitiba à une culture très diversifiée (influence des colonies allemandes, polonaises, italiennes, françaises, russes, japonaises);

Dans la zone centrale du commerce, la récupération des recyclables (surtout papier et carton) est effectuée par des chiffonniers sans lien avec le programme de la mairie (il y en aurait environ de 3000). Curitiba dispose d'enfouissement technique donc il n'y a pas de chiffonniers sur le site.

### Belo Horizonte (État de Minas Gerais – Brésil)

Le modèle de gestion des déchets urbains adopté en 1993 par Belo Horizonte a eu une continuité. D'ailleurs, les trois programmes de gestion municipaux analysés ont joui du privilège de la continuité, chose rare dans le cadre de la gestion municipale brésilienne.

La définition du modèle de gestion des déchets adopté à Belo Horizonte a été en fonction des problèmes y identifiés. Soulignons également la valorisation de la fraction organique et des gravats (dans deux stations de recyclage), à partir de grandes sources génératrices  La ville dispose d'enfouissement, donc il n'y a pas de chiffonniers sur le site.

Le volet mobilisation sociale de la SLU est performant; c'est le sentiment que nous avons eu pendant le travail sur le terrain (1997); un travail très agressif d'éducation/communication environnementale est développé, avec les ressources les plus variées du marketing.

Le rapprochement avec les ramasseurs de papier du centre de la ville est exemplaire; il ont fait le choix de la valorisation et de l'intégration de ce contingent marginalisé en tant que travailleurs de la propreté urbaine. Soulignons le développement du travail d'estime de soi, de citoyenneté et de valorisation des agents de propreté urbaine et du travail de communication interne auprès des employés.

### Porto Alegre (État de Rio grande do Sul – Brésil)

Porto Alegre a élaboré son modèle de gestion des déchets solides en partant des divers problèmes identifiés associés aux déchets urbains. Le fait que le maire ait décrété en 1990 l'état de calamité publique sur les lieux où étaient déposés les déchets collectés dans la commune, a justifié la nécessité de transformer les décharges sauvages en enfouissements techniques. Toutefois, Porto Alegre, a dû affronter un problème commun à de nombreuses villes brésiliennes où il est parfois compliqué de trouver une solution socialement juste: le retrait des chiffonniers de la décharge.

Porto Alegre a eu le mérite de développer un travail auprès des chiffonniers de la décharge en les faisant partir, de façon progressive et organisée, et en les intégrant au Centre de Tri (Centre de Tri de Ilha).

Au cours des 10 années, l'engagement social lié à la collecte sélective a été extrêmement intéressant. Les 8 Centres de Tri sont gérés par des associations ayant chacune leur histoire. Des trois programmes analysés, Porto Alegre enregistre le plus grand nombre de personnes travaillant dans les Centres de Tri: plus de 300 personnes.

Porto Alegre et Curitiba n'ont pas fait le choix de Belo Horizonte de reconnaître l'importance des chiffonniers des zones commerciales centrales. A Porto Alegre, nous avons eu l'impression que certains techniciens du DMLU (Service environnemental) ont même identifié les ramasseurs de papier du centre-ville comme des concurrents, qui *prenaient un matériau qui était le leur.*

Ils n'ont pas encore développé une politique de rapprochement avec les ramasseurs de papier du centre de la ville (action différente de celle menée il y a 10 ans avec les chiffonniers de la décharge). La valorisation des gravats n'est pas programmée;

La création d'emplois à partir de la collecte sélective est importante et constitue un point fort; Un des centres de tri se distingue dans le domaine du développement d'actions d'intégration sociale (le *Galpão* Pinto).

En mariant les modèles de Porto Alegre et de Belo Horizonte, nous pouvons obtenir un modèle cohérent de gestion des déchets urbains.

### 7.3 Gestion des Résidus Urbains Socialement Intégrée

La conception du Modèle, défini comme Gestion des Résidus Urbains Socialement Intégrée, s'appuie sur l'idée du développement alternatif de filières de traitement et de valorisation des déchets, répondant au souci de minimisation des impacts sur la santé humaine et l'environnement; s'y ajoute le volet social, à travers la fois la participation du citoyen dans le processus de gestion des déchets et l'insertion sociale des exclus qui survivent du ramassage des déchets ménagers. La structuration du Modèle englobe ainsi cinq éléments:

1)	le sanitaire (santé humaine);

2)	le social (emplois de personnes défavorisées, y compris les *chiffonniers*;

3)	la communication (le participatif);

4)	les aspects environnementaux;

5)	les critères économiques.

Vis-à-vis des questions formulées au début du travail de recherche, nous constatons que:

I -	Les pays du Sud, en particulier le Brésil, sont influencés, dans leurs textes réglementant les limites d'émissions polluantes diverses, par les États-Unis d'Amérique et par l'Allemagne qui sont ceux de l'Union Européenne ;

II - L'élaboration des textes juridiques de politique de gestion de déchets, y compris la politique d'Éducation Environnementale brésilienne, est influencée par les discussions internationales (Conférence des Nations Unies de Rio - 1992, Tbilissi - 1977, et autres), et il nous semble que tous les pays du Nord s'y réfèrent aussi; l'élaboration des politiques nationales brésiliennes dans le domaine environnemental passe par un forum de discussion démocratique (CONAMA – Conseil National de l'Environnement);

III - La base des principes de la politique de gestion des déchets des pays du Nord et du Sud, ici représenté par le Brésil, est la même; mais elle est ensuite orientée par les aspects culturels et sociaux, créant un produit distinct et des résultats différents de ceux obtenus dans les pays du Nord;

IV - L'adoption de programmes de collecte sélective au Brésil nous paraît être fortement influencée par les pays industrialisés, non que ceux-ci l'imposent directement, mais par un processus de globalisation véhiculé par les médias;

V - Le pourcentage de fraction organique dans la composition des déchets ménagers des pays du sud est supérieur à 50%;

VI - Dans les pays où la composition des déchets ménagers comporte une fraction organique supérieure à 50%, les pouvoirs publics municipaux doivent donner priorité à la valorisation de la fraction organique de ses grandes sources génératrices (marchés, supermarchés, tonte);

VII - La fraction organique étant la cause principale de la contamination dans les enfouissements et décharges, l'identification des grandes sources de cette fraction est souhaitable et sa valorisation réduit la charge polluante des lieux d'élimination.

VIII - Au Brésil, la collecte sélective de fraction sèches semble exercer une fascination sur les pouvoirs publics au détriment du compostage (tri positif);

IX - La collecte sélective municipale au Brésil présente un tableau intéressant, car, en parallèle avec elle, il existe une collecte informelle (par les chiffonniers) qui échappe au contrôle des pouvoirs publics et dont le résultat est au moins trois fois plus important;

X - La collecte sélective au Brésil, même si elle utilise le même discours que les pays industrialisés, relatif à la préservation des ressources naturelles, présente d'avantage une connotation sociale;

XII - Au delà de cette *connotation,* l'ambition est celle d'une gestion des déchets socialement intégrée;

XIII - Enfin, un enjeu majeur est que la culture écologique soit intégrée dans la culture générale, populaire.

Nous avons constaté que les problèmes attachés aux résidus urbains du pays du Sud, sont liés à la qualité de vie d'une ville, donc il faut l'application de politiques publiques de résidus garantissant une gestion municipale durable. Dans ce contexte, il faut considérer:

I. L'allocation de ressources financières pour permettre la mise en place d'une politique publique de résidus urbains, dont la priorité soit donnée aux volets sanitaire, social, participatif, environnemental et économique;

II. L'articulation entre cette politique publique de résidus urbains, de caractère préventif et la politique de santé publique.

# RÉFERENCE BIBLIOGRAPHIQUE(S)

**ABNT** (Associação Brasileira de Normas Técnicas), NBR 8419, Rio de Janeiro, 1986.

**ALENCAR**, Bertrand Sampaio. "Catadores de Materiais Reaproveitá-veis em áreas de Destinação Final de RS". Rev. Bahia Análise&Dados, V.7. N.1 jun. Salvador, 1997, 76-81

**AQUINO CONSULTORES ASSOCIADOS LTDA.** Estudo e Plano de Acção do componente Participação Comunitaria - Resíduos Urbanos na Guiné – Bissau. Relatório Final – Volume III. Banco Mundial. Fevereiro, 1999.

**BARBIER**, R., LARÉDO, P. L'internalisation des déchets: le modèle de la communauté de Lile. Ed. ECONOMICA, Paris, 1997.

**BERTOLINI**, Gérard. Déchets mode d'emploi. Ed. ECONOMICA, Paris, 1996.

**BERTOLINI**, G. et MORVAN, B.: *L'organisation du tri des ordures ménagères dans les Ped; études de cas au Brésil,* Rapport à l'Ademe, 1996.

**BERTOLINI**, Gérard. La double vie de l'emballage. Economica, Paris, 1995.

**BERTOLINI**, Gérard. Vers un nouveau concept de gestion intégrée des déchets? Forum du Club Européen des Déchets; Madrid, 1998.

**BERTUSSI** FILHO, L.A.,FERREIRA, M.G. *Coleta seletiva e reciclagem: a experiência de Curitiba – «lixo que não é lixo».* Seminário Internacional Sobre Coleta Seletiva e Reciclagem de Resíduos Sólidos Urbanos. ABES : Marechal Cândido Rondon, 1995.

**BRASIL**/IBGE [Instituto Brasileiro de Geografia e Estatística]. Plano Nacional de Saneamento Basico, Rio de Janeiro, 1992.

**CEMPRE.** [Guia da Coleta Seletiva de Lixo]. São Paulo, 1999 (CD).

**CNR** (Centro Nazionale delle Ricerche). Investigation on MSW in Italy. CNR Publisher. Roma, 1980.

**COURTINE**, Didier. Décharge proscrite. Ed.Economica, Paris,1996.

**DEMEY**, Th., et alli. L'Europe des emballages: une directive a l'epreuve de 15 transpositions. IBGE, 1996.

**DESACHY**, Christian. Les déchets: sensibilisation à une gestion écologique. Technique § Documentation, Paris, 1996.

**DA GOIA**, Maurício S. et alli. O Problema do lixo dos hospitais – como eliminá-los? Estudo do caso do hospital Simão Mendes. Bisssau, 1997.

**DAGOGNET**, François. Des détritus des déchets de l'abject: une philosophie écologique. Institut synthélabo pour le progrès de la connaissance. France, 1997.

**FERREIRA**, João Alberto. *Lixo domiciliar e hospitalar: semelhanças e diferenças.* Annales du Xx^{ème} Congrès Brésilien d'Ingénierie Sanitaire et Environnementale, Rio de Janeiro, 1999.

**FRANCE.** Dossier DPPR/déchets. Ministère de l'Aménagement du territoire et de l'environnement, Paris, 1999.

**GABET**, A., LANTREIBECQ, R., VIGNERON, J., GUERINEAU, L. Triselec: la bonne affaire. Ed. ECONOMICA, Paris, 1997.

**GONÇALVES**, Botafogo Fernando. «Gerenciamento de Limpeza Urbana: conflitos e Sustentabilidade». In: SIMPÓSIO INTERNACIONAL DE DESTINAÇÃO DO LIXO-CONDER. Salvador-BA. Annales...Salvador, 1994.

**GRASEL** Martine. Comparaison des filières déchets à Curitiba et à Cergy-Pontoise. Thèse universitaire 1989, Université Paris 7, 593 p.

**HARPET**, Cyrille. Du déchets: philosophie des immondices, Ed. L'Harmattan, Paris, 1998.

**IBGE** (Institut Bruxellois pour la Gestion de l'environnement). Guide de gestion des déchets de construction et de démolition. Bruxelles, 1995.

**IPT** (Instituto de Pesquisa Tecnológicas). Lixo municipal: Manual de gerenciamento integrado. São Paulo: IPT/CEMPRE, 1995.

**KAZAZIAN**, T. et alli. Le cycle de l'emballage: le conditionnement de qualité environnementale. MASSON, Paris, 1995.

**LE DOUCE**, Catherine, LE GOUX, Jean-Yves. L'incinération des déchets ménagers. Ed.Economica, Paris, 1995.

**LEROY**, Jean-Bernard. Les déchets et leur traitement. Collection Que sais-je?, Presse Universitaire de France, 3e édition, 1997, Paris.

**MORAES**, Luiz Roberto. *Impacto na saude do acondicionamento e coleta dos resíduos sólidos domiciliares. Annales du* Xxème Congrès Brésilien d'Ingénierie Sanitaire et Environnementale, Foz do Iguaçu, 1999.

**MOURA** S., Maria Auxiliadora et alli. *Réglementation et Contrôle Environnemental de l'Utilisation de Résidus pour la Production d'Energie Thermique dans des Fours de Production de Clinker. Annales du* Xx^{ème} Congrès Brésilien d'Ingénierie Sanitaire et Environnementale, *Rio de Janeiro, 1999.*

**NUNESMAIA**, Maria de Fátima, Gestions de déchets socialement intégrée le cas-Brésil Tese (Doutorado), Université de Cergy-Pontoise, Paris, 2001. 293p.

**NUNESMAIA**, Maria de Fátima. Lixo: soluções alternativas – projeções a partir da experiência UEFS. Feira de Santana: Universidade Estadual de Feira de Santana, 1997. 152p

**NUNESMAIA**, Maria de Fátima. Avaliação do sistema de coleta seletiva no campus da UEFS. Feira de Santana: Universidade Estadual de Feira de Santana, 1996. 159p

**OPS**, El manejo de residuos solidos municipales en America Latina y el Caribe.Serie Ambiental n°15. Recopilado por Zepeda, Francisco. Washington D.C., 1995.

**PICHAT**, Philippe. La gestion des déchets: um exposé pour comprendre, um essai pour réfléchir. Ed.Flammarion, France, 1996.

**PINTO**, Tarcísio de Paula. Resultados da gestão diferenciada, Téchne, n°31, 1997.

**PINTO**, Tarcísio de Paula. Metodologia para a gestão diferenciada de resíduos sólidos da construção urbana. Tese (Doutorado), Escola Politécnica/USP, São Paulo, 1999. 189p.

**PREFEITURA MUNICIPAL DE VITORIA DA CONQUISTA, UNIVERSIDADE FEDERAL DA BAHIA.** Plano de Saneamento Ambiental para Vitória da Conquista. Volumes I, II, III - Vitória da Conquista – Salvador, 1998.

**QUÉBEC.** Pour une gestion durable et responsable de nos matières résiduelles. Ministère de l'Environnement et de la Faune, 1995.

**QUÉBEC.** Ministère de l'Environnement. Plan d'action québécois sur la gestion des matières résiduelles 1998-2008, 1998.

**SACHS**, Ignacy. L'écodéveloppement: stratégies pour le XXI e siècle. Nouv. éd. - Paris: Syros, 1997.

**SANTOS**, J.M. Coleta seletiva de lixo: uma alternativa ecológica no manejo integrado dos resíduos sólidos urbanos. Dissertação (Mestrado na Escola Politécnica da Universidade de São Paulo), São Paulo, 1995.

**SILGUY**, Catherine de. Histoire des hommes et leurs ordures: du moyen âge à nos jours. Le cherche midi éditeur, Paris, 1996.

**SLU.** Rapport d'activités Du 1996. SLU, Belo Horizonte, 1997.

**SPE** [Societé pour la Protection de l'Environnement].Les déchets dangereux: histoire, gestion et prévention. Georg Editeur: Genève, 1997.

**TISSIER**, Bernard. Éducation formation environnement. Ed. Economica: Paris, 1998.

**URBINI**, Giordano. «Legislação sobre os Impactos Ambientais e Sociais dos Aterros Sanitários na Itália». In: SIMPÓSIO INTERNACIONAL DE DESTINAÇÃO DO LIXO-CONDER. Salvador-BA. Annales …Salvador, 1994.

**VEREECKE,** Jean-François. *Gestion séparative des ordures ménagères: apprentissage organisationel et sentiers d'évolution,* Thèse de Doctorat, Université des Sciences et Technologies de Lille, 1999.

**VIGNERON**, J., FRANCISCO, L. La communication environnementale. Ed. ECONOMICA, Paris, 1996.

**VIGNERON**, J., BURSTEIN, C. (sous la direction). Ecoproduit: concept et méthodologies. Ed. ECONOMICA, Paris, 1993, 228 p.

# TABLE DES MATIERES